Kaïss Aouadi

Synthèse d'analogues de la 4-hydroxyisoleucine à partir du D-glucose

Kaïss Aouadi

Synthèse d'analogues de la 4-hydroxyisoleucine à partir du D-glucose

Exploitation de la chiralité du D-glucose

Presses Académiques Francophones

Impressum / Mentions légales

Bibliografische Information der Deutschen Nationalbibliothek: Die Deutsche Nationalbibliothek verzeichnet diese Publikation in der Deutschen Nationalbibliografie; detaillierte bibliografische Daten sind im Internet über http://dnb.d-nb.de abrufbar.

Alle in diesem Buch genannten Marken und Produktnamen unterliegen warenzeichen-, marken- oder patentrechtlichem Schutz bzw. sind Warenzeichen oder eingetragene Warenzeichen der jeweiligen Inhaber. Die Wiedergabe von Marken, Produktnamen, Gebrauchsnamen, Handelsnamen, Warenbezeichnungen u.s.w. in diesem Werk berechtigt auch ohne besondere Kennzeichnung nicht zu der Annahme, dass solche Namen im Sinne der Warenzeichen- und Markenschutzgesetzgebung als frei zu betrachten wären und daher von jedermann benutzt werden dürften.

Information bibliographique publiée par la Deutsche Nationalbibliothek: La Deutsche Nationalbibliothek inscrit cette publication à la Deutsche Nationalbibliografie; des données bibliographiques détaillées sont disponibles sur internet à l'adresse http://dnb.d-nb.de.

Toutes marques et noms de produits mentionnés dans ce livre demeurent sous la protection des marques, des marques déposées et des brevets, et sont des marques ou des marques déposées de leurs détenteurs respectifs. L'utilisation des marques, noms de produits, noms communs, noms commerciaux, descriptions de produits, etc, même sans qu'ils soient mentionnés de façon particulière dans ce livre ne signifie en aucune façon que ces noms peuvent être utilisés sans restriction à l'égard de la législation pour la protection des marques et des marques déposées et pourraient donc être utilisés par quiconque.

Coverbild / Photo de couverture: www.ingimage.com

Verlag / Editeur:
Presses Académiques Francophones
ist ein Imprint der / est une marque déposée de
OmniScriptum GmbH & Co. KG
Heinrich-Böcking-Str. 6-8, 66121 Saarbrücken, Deutschland / Allemagne
Email: info@presses-academiques.com

Herstellung: siehe letzte Seite /
Impression: voir la dernière page
ISBN: 978-3-8416-2686-8

Copyright / Droit d'auteur © 2015 OmniScriptum GmbH & Co. KG
Alle Rechte vorbehalten. / Tous droits réservés. Saarbrücken 2015

Synthèse d'analogues de la 4-hydroxyisoleucine à partir du D-glucose

Edité par :

Dr. **Kaïss AOUADI**

Professeur assistant en chimie
Université de Monastir
Faculté des Sciences de Monastir
Département de chimie
Email : kaiss_aouadi@yahoo.com

Résumé :

L'étude des stéréoisomères de la 4-hydroxyisoleucine a montré que l'isomère (2S,3R,4S) stimule efficacement la sécrétion d'insuline, expliquant ses propriétés hypoglycémiantes. La synthèse de la 4-hydroxyisoleucine et de ses analogues est un domaine d'étude pour lutter contre le diabète. Ce chapitre concerne la synthèse d'analogues de la 4-hydroxyisoleucine en exploitant la chiralité du D-glucose par des réactions contrôlables, douces et stéréosélectives permettant la synthèse de 4 acides aminés et 2 hydroxyacides.

Mots clés : 4-Hydroxyisoleucine / D-Glucose / Diabète / Acides aminés / Lactones.

SOMMAIRE

I. *Présentation du projet de synthèse*..................2

I.1 *Objectifs*..................2

I.2 *Rétro-synthèse*..................4

II. *Synthèses d'acides aminés chiraux analogues de la 4-hydroxyisoleucine*..................4

II.1 *Préparation de l'acide (2S,3R,4S)-2-amino-4-hydroxy-3,5,6-triméthoxy Hexanoïque*..................5

II.2 *Préparation de l'acide (2S,3R,4R)-2-amino-4-hydroxy-3-méthoxyhexanoïque*..................7

II.3 *Synthèse de l'acide (2S,3R,4S)-2-amino-4-hydroxy-3-méthoxy-pentanoïque*..................8

II.4 *Synthèse de l'acide (2S,3R,4R,5R)-2-amino-4-hydroxy-3,5,6-triméthoxy-hexanoïque*..................11

III. *Synthèse des acides α,γ-dihydroxylés*..................12

III.1 *Préparation de l'acide (2R,3S,4S,5S)-2,4-dihydroxy-3,5,6-triméthoxy-hexanoïque*..................12

III.2 *Préparation de l'acide (2R,3S,4S)-2,4-dihydroxy-3-méthoxypentanoïque*..................12

IV. *Etudes structurales*..................13

V. *Conclusion*..................15

VI. *Références bibliographiques*..................18

VII. *Partie expérimentale*..................20

I. Présentation du projet de synthèse

I.1 Objectifs

Les sucres jouent un rôle important dans la synthèse organique, notamment pour exploiter leur chiralité en profitant de leur accessibilité et de leur coût modéré. Cette démarche a connu un vif succès dans les années 1980, notamment sous l'impulsion de S. Hanessian (auteur de l'ouvrage *The Total Synthesis of Natural Products. The Chiron Approach* paru en 1983). Les sucres, molécules carbonylées polyhydroxylées, sont d'une grande variété structurale et existent sous forme ouverte ou cyclique, furanique ou pyranique. De tels cycles présentent des conformations mieux définies que les motifs acycliques, ce qui explique leur emploi plus fréquent pour des synthèses stéréocontrôlées, sous forme de glycoside (acétal cyclique) ou de lactone (ester cyclique). Les toutes premières synthèses de la 4-hydroxyisoleucine reposaient sur l'utilisation d'un précurseur pyranosidique bicyclique. Les sucres oxydés (acides gluconiques) peuvent aussi, selon leur structure, être convertis efficacement en γ ou δ lactones possédant un groupement hydroxyle en α du carbonyle. L'interconversion de la fonction alcool par un motif azoté suivie d'ouverture de la lactone rend possible la synthèse d'acides aminés polyfonctionnalisés.[1]

Par rapport à la réaction de Mitsunobu qui présente des inconvénients (réactivité, purification), la substitution de l'alcool activé sous forme de sulfonate suivie d'attaque stéréospécifique avec un bon nucléophile comme l'anion azoture, constitue une voie simple et directe. Cette possibilité a été tout d'abord examiné par Ariza et coll.[2] qui ont eu recours au tosylate comme groupe partant (Schéma 1). La substitution du tosylate **1** par l'azoture de sodium dissous dans le DMF pendant 5 jours à température ambiante donne un mélange d'azidolactones **2a-b** dans un rapport 7/3, indiquant une mauvaise sélectivité. Par contre, le seul produit **4** de substitution SN_2 est obtenu avec le tosylate **3** dépourvu de groupe hydroxyle voisin. Ces résultats montrent la réactivité modérée du groupe tosyloxy, ce qui entraine des temps de réactions de plusieurs jours et l'évolution des produits cinétiques. Ceci amène logiquement à considérer des sulfonates plus réactifs et notamment les triflates.

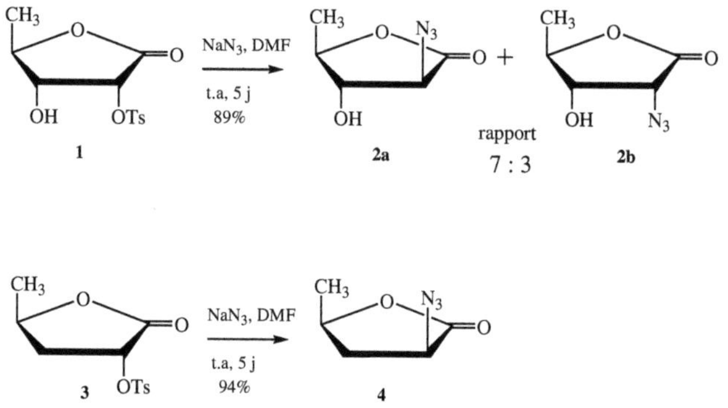

Schéma 1 : *Substitution nucléophile du tosylate par l'azoture de sodium*

La substitution du triflate par un azoture constitue une étape-clé qui a été étudiée principalement par Fleet.[3] Par exemple, le triflate **5** réagit avec l'azoture de sodium dans le DMF pendant 2,5 h pour donner cinétiquement l'azide **6** avec inversion de configuration (SN$_2$) en prolongeant la réaction on observe la formation du *cis*-azide **7** thermodynamiquement le plus stable (Schéma 2).[4]

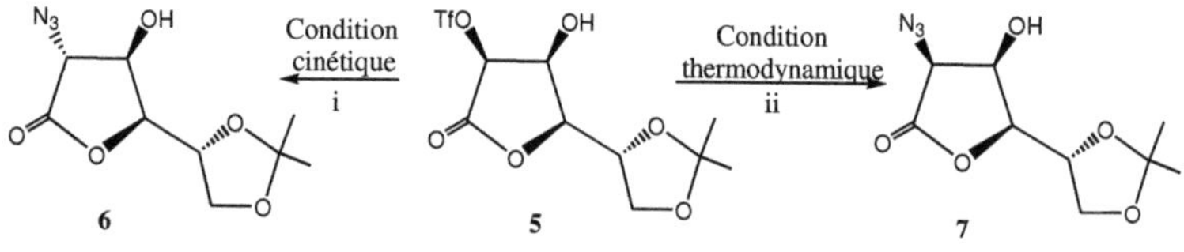

Conditions: i) 1.0 éq. NaN$_3$, DMF, 25min, 90%; ii) 1.2 éq. NaN$_3$, DMF, 40h, 82%

Schéma 2 : *Formation de l'azide cinétique et thermodynamique*

L'objectif de ce chapitre consiste donc à réaliser une synthèse des analogues de la 4-hydroxyisoleucine en exploitant une stratégie qui utilise le D-glucose comme source de chiralité.

I.2 Rétro-synthèse

Notre stratégie s'appuie sur les études synthétiques effectuées par Fleet.[3a] Les acides aminés **A** seraient elles-mêmes obtenus à partir d'aminolactones **B** par hydrolyse basique. Ces aminolactones seraient obtenues par réduction catalytique des azidolactones **C**. Ces dernières proviendraient d'une substitution stéréospécifique sur le composé **D** en présence de l'azoture de sodium dans le DMSO. La formation des hydroxylactones **E** est le résultat de la déprotection de l'isopropylidène en position-1,2 suivie d'une oxydation du carbone anomérique des synthons **F**. Enfin, les composés **G** proviendraient du D-glucose après quelques aménagements fonctionnels (Schéma 3).[5]

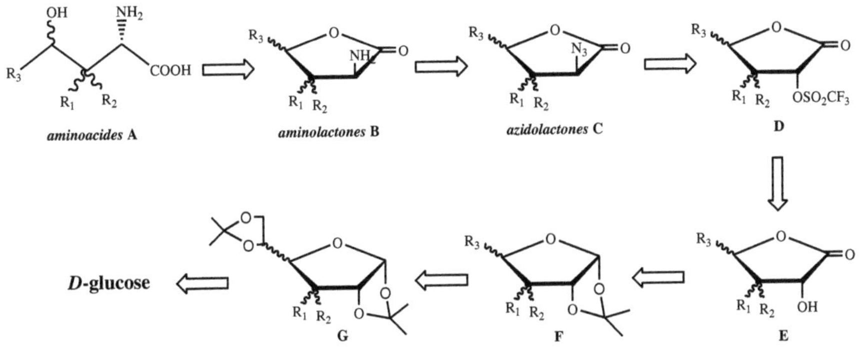

Schéma 3 : *Rétro-synthèse des acides aminés analogues de la 4-hydroxyisoleucine*

II. Synthèses d'acides aminés chiraux analogues de la 4-hydroxyisoleucine

Dans ce contexte nous avons envisagé la synthèse d'une série d'acides aminés et d'hydroxyacides (Figure 1). Dans cette série et en comparaison avec la 4-hydroxyisoleucine, le méthyle porté par le carbone C-3 sera remplacé par un groupement méthoxy. Par contre, le méthyle en position 5 sera remplacé, dans un premier temps, par un reste chiral de type MeOCH$_2$CH(OMe) et dans un second temps par un groupement éthyle.

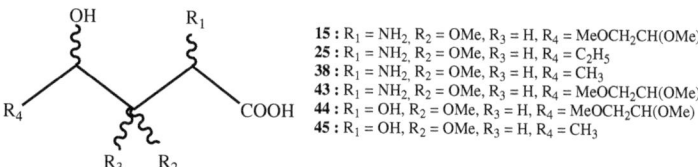

Figure 1 : *Acides aminés analogues de la 4-hydroxyisoleucine*

Afin d'évaluer l'efficacité de cette méthode nous avons choisi de commencer par la synthèse de l'acide aminé **15**.

II.1 Préparation de l'acide (*2S,3R,4S*)-2-amino-4-hydroxy-3,5,6-triméthoxy hexanoïque 15.

Cette synthèse (Schéma 4) utilise comme produit de départ le diacétone glucose **8**[6a] par lequel la déprotection sélective du groupement isopropylidène en position-5,6 a été menée dans des conditions acides douces avec un rendement de 90%.[6b] La triméthylation des trois fonctions alcool en présence d'iodométhane et d'hydrure de sodium dans le DMSO conduit au produit désiré **9** avec un rendement de 95%.[7]

La préparation de la lactone **11**[7] a nécessité, dans un premier temps, la déprotection de l'isopropylidène du composé **9**,[8] suivie d'une oxydation sélective de l'hydroxyle hémiacétalique. Pour cela, le sucre **9** a été traité par l'acide chlorhydrique 0,5 N pendant 1,5 h à 70°C pour donner le diol **10**[8] (95%). Ce dernier, dissous dans un mélange dioxane/eau a été soumis à l'action de Br$_2$ en présence de carbonate de baryum à température ambiante pour conduire à la lactone α-hydroxylée **11** avec un rendement de 76%. Par la suite, l'activation de l'alcool **11** par l'anhydride trifluorométhane sulfonique en présence de pyridine dans le dichlorométhane à - 78°C permet d'obtenir le composé **12** (79%).

Il est à noter que les triflates sont en général instables, ils peuvent donner lieu à une élimination pour libérer l'acide trifluorométhanesulfonique et donner l'alcène correspondant. Afin d'éviter cette réaction secondaire, le composé **12** a été purifié par chromatographie flash et analysé rapidement. La réaction de substitution du triflate **12** par l'azoture de sodium est réalisée le même jour.

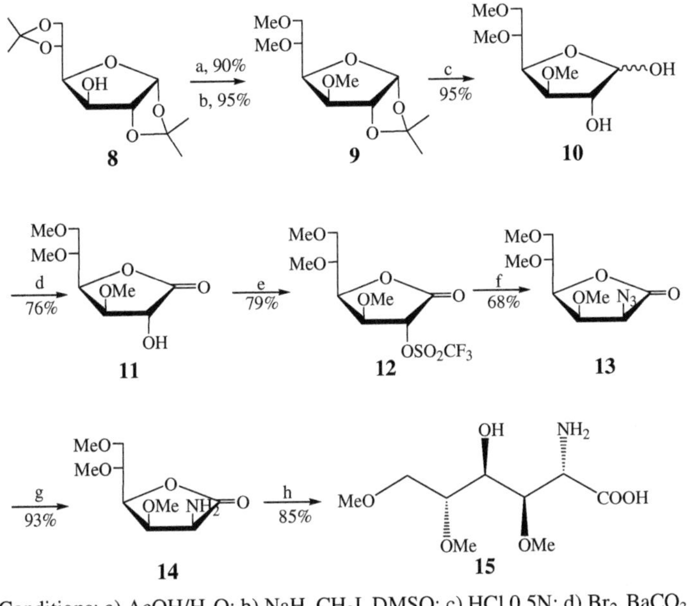

Conditions: a) AcOH/H$_2$O; b) NaH, CH$_3$I, DMSO; c) HCl 0.5N; d) Br$_2$, BaCO$_3$, dioxane/eau; e) (CF$_3$SO$_2$)$_2$O, pyridine, CH$_2$Cl$_2$; f) NaN$_3$, DMSO; g) H$_2$, Pd/C(10%), MeOH; h) LiOH.H$_2$O, H$_2$O.

Schéma 4 : *Synthèse de l'acide aminé 4-hydroxylé **15***

Afin de favoriser la formation de l'azidolactone **13** par l'intermédiaire d'une substitution nucléophile d'ordre 2 (SN2), nous avons suivi le protocole établi par Fleet.[3] Ainsi, le traitement du triflate **12** avec l'azoture de sodium dans le DMSO à température ambiante pendant 2,5h donne uniquement le produit cinétique **13** (68%). La réduction de la fonction azide en amine par hydrogénation catalytique en présence de Pd/C à 10% dans le méthanol conduit au composé **14** (93%). Son traitement avec LiOH·H$_2$O dans l'eau donne l'aminoacide **15** avec un rendement de 85% (Schéma 4).

L'acide aminé **15** a donc été préparé en 8 étapes à partir du diacétone D-glucose **8** et avec un rendement global de 26% soit une moyenne de 85% par étape. Il est à noter qu'aucune racémisation n'a été observée au cours de cette synthèse.

II.2 Préparation de l'acide (*2S,3R,4R*)-2-amino-4-hydroxy-3-méthoxyhexanoïque 25.

Pour la synthèse de cet acide aminé (Schéma 5) le substituant du carbone C-4 de **8** sera remplacé par un éthyle. Pour cela, la méthylation de l'hydroxyle en position-3 du composé **8** a été réalisée en présence d'iodométhane, d'hydroxyde de potassium et du bromure de tétra-butylammonium dans l'acétone à 0°C puis à température ambiante.[6] La déprotection de l'isopropylidène en position 5,6 en présence d'acide acétique à 80% permet d'obtenir le diol **16**[9] avec un rendement de 85%.

Pour accéder au composé **19** plusieurs méthodes ont été décrites.[10-12] Citons à titre d'exemple l'élimination d'un groupement 5,6-*O*-éthoxyméthylène en présence d'acide benzoïque[11] ou la désulfuration d'un groupement 5,6-*O*-dithiocarbonate en présence de nickel de Raney inactivé.[12] L'utilisation de nickel de Raney activé permet à la fois la désulfuration et la réduction de la double liaison pour fournir le composé **20**.[12]

Dans notre cas, nous avons effectué la ditosylation du diol **16** par le chlorure de tosyle dans la pyridine pour obtenir le composé **18** (60%). Afin d'améliorer le rendement de cette étape, nous avons essayé la dimésylation en utilisant le chorure de mésyle dans la pyridine pour obtenir le précurseur **17** (85%). La démésylation[13a] en présence d'iodure de sodium et du zinc au reflux du DMF permet l'obtention du dérivé **19** (78%). Ce dernier a été obtenu aussi après détosylation[13b] de **18** avec 76% de rendement. Enfin, le composé **20** a été préparé quantitativement par hydrogénation catalytique en présence de Pd/C à 10%. Finalement, le précurseur **20** subit les mêmes transformations que **11** (voir Schéma 4) pour donner l'acide aminé 4-hydroxylé **25** (Schéma 5).

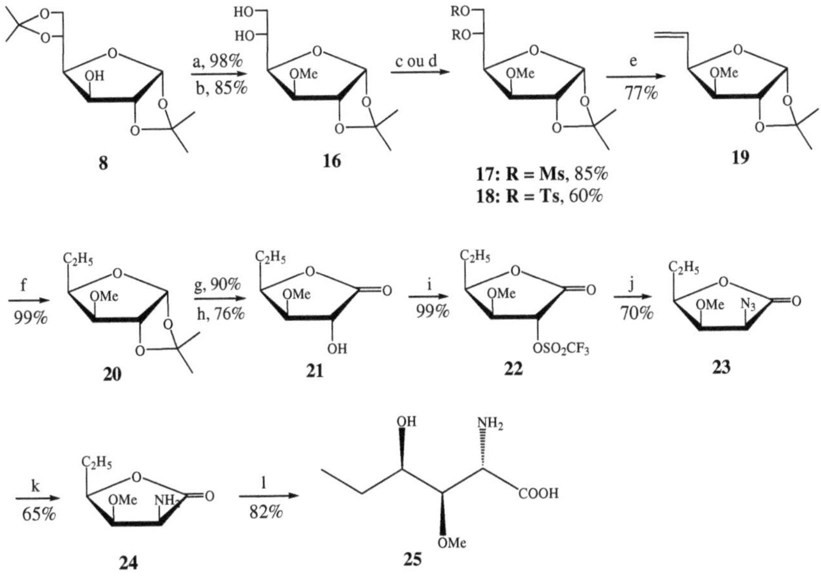

17: R = Ms, 85%
18: R = Ts, 60%

Conditions: a) CH$_3$I, KOH, (C$_4$H$_9$)$_4$ N$^+$Br$^-$, acétone ; b) AcOH/H$_2$O; c) MsCl, pyridine; d) TsCl, pyridine; e) NaI, DMF, Zn, reflux; f) H$_2$, Pd/c(10%), MeOH; g) HCl 0.5N; h) Br$_2$, BaCO$_3$, dioxane/eau; i) (CF$_3$SO$_2$)$_2$O, pyridine, CH$_2$Cl$_2$; j) NaN$_3$, DMSO; k) H$_2$, Pd/C (10%), MeOH; l) LiOH.H$_2$O, H$_2$O, t.a.

Schéma 5 : *Synthèse de l'acide aminé 4-hydroxylé **25***

L'acide aminé **25** a donc été préparé en 11 étapes à partir du diacétone D-glucose **8** et avec un rendement global de 14% soit une moyenne de 82% par étape. Au cours de cette synthèse aucune racémisation n'a été observée et la stéréochimie a été contrôlée.

II.3 Synthèse de l'acide (2S,3R,4S)-2-amino-4-hydroxy-3-méthoxy-pentanoïque 38.

Pour la synthèse de l'acide aminé **38** nous avons envisagé, dans un premier temps, d'inverser la configuration du carbone C-4 de **8**. Pour cela, nous avons choisi de préparer le 1,2;5,6-di-*O*-isopropylidène-α-D-galactofuranose **28** en appliquant une méthode décrite[14] qui débute par l'activation du groupement hydroxyle du composé **8** par l'anhydride triflique en présence de pyridine à basse température donnant le 3-*O*-triflate **26** (90%) dont le traitement par le DBU dans l'éther diéthylique à température ambiante conduit au composé **27** (95%). Finalement, la réaction d'hydroboration-oxydation de l'oléfine **27** donne le précurseur **28**[12] avec un rendement de 93% (Schéma 6).

Dans un second temps, l'intermédiaire **28** subit une série de transformations pour installer le méthyle en position 4. Dans ce but, la méthylation du composé **28** suivie d'une déprotection de l'isopropylidène en position 5,6 fournit le diol **29**[15] avec un rendement de 83%. Celui-ci réagit avec $NaIO_4$[16] dans l'eau à température ambiante pour donner l'aldéhyde correspondant. Ce dernier est ensuite réduit par $NaBH_4$ pour fournir l'alcool **30** (86%).

L'étape suivante consiste à préparer le composé **32**[17] selon deux méthodes. La première méthode[18] fait intervenir le chlorure de tosyle en présence de pyridine pour donner le composé **31**. Ce dernier réagit avec l'iodure de sodium à reflux de l'acétone pendant 3 jours pour fournir le composé iodé **32** (80%).

Afin de réduire le temps de réaction, nous avons testé une deuxième méthode[19] qui consiste à traiter le composé **30** par l'iode en présence de triphénylphosphine et d'imidazole. Après 6h de reflux dans le toluène le dérivé iodé **32** est obtenu avec 79% de rendement.

L'hydrogénolyse catalytique en présence de Pd/C à 10% du composé **32** donne quantitativement l'intermédiaire **33**. Enfin, l'acide aminé 4-hydroxylé **38** (Schéma 6) a été obtenu selon les mêmes transformations que **31** (voir Schéma 4).

L'acide aminé **38** a donc été préparé en 15 étapes à partir du diacétone D-glucose **8** et avec un rendement global de 12% soit une moyenne de 87% par étape. On notera qu'au cours de cette synthèse nous avons observé une épimérisation du carbone C-2 de l'acide aminé **38** (Schéma 6).

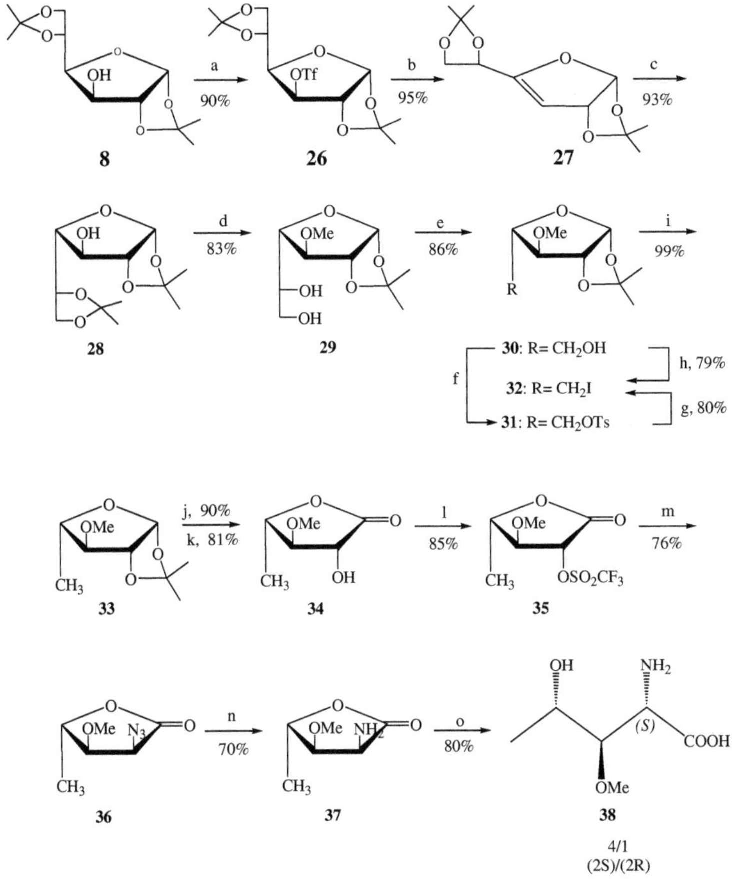

Schéma 6 : *Synthèse de l'acide aminé 4-hydroxylé 38*

Conditions: a) (CF$_3$SO$_2$)$_2$O, pyridine, - 78°C; b) DBU, Et$_2$O, 25°C; c) BH$_3$/THF, NaOH 2N, H$_2$O$_2$ (30%); d) i- CH$_3$I, KOH, (C$_4$H$_9$)$_4$ N$^+$Br$^-$, acétone, ii- AcOH/H$_2$O; e) i- NaIO$_4$, H$_2$O, ii- NaBH$_4$, H$_2$O; f) TsCl, pyridine; g) NaI, acétone, reflux; h) PPh$_3$, I$_2$, imidazole, toluène, reflux; i) H$_2$, Pd/C(10%), K$_2$CO$_3$, MeOH; j) HCl (0.5N); k) BaCO$_3$, Br$_2$, dioxane/eau; l) (CF$_3$SO$_2$)$_2$O, pyridine, CH$_2$Cl$_2$; m) NaN$_3$, DMSO; n) H$_2$, Pd/C (10%), EtOH; o) LiOH.H$_2$O, H$_2$O

II.4 Synthèse de l'acide (2S,3R,4R,5R)-2-amino-4-hydroxy-3,5,6-triméthoxy-hexanoïque 43.

Cette synthèse utilise comme précurseur le 1,2;5,6-di-O-isopropylidène-α-D-galactofuranose **28** par lequel la déprotection sélective du groupement isopropylidène en position-5,6 suivie d'une triméthylation du triol ont conduit au composé **39**. Celui-ci subit les mêmes transformations que **11** (Schéma 4) pour fournir après 8 étapes l'aminoacide correspondant **43** avec un rendement global de 15% (Schéma 7).

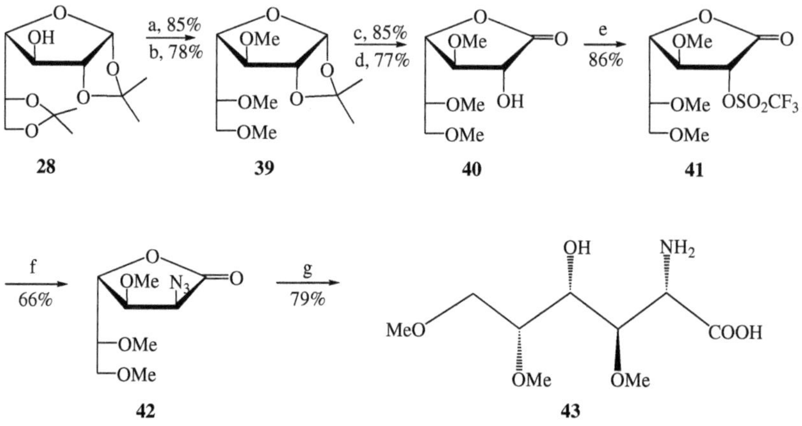

Conditions: a) AcOH/H$_2$O; b) CH$_3$I, KOH, (C$_4$H$_9$)$_4$ N$^+$Br$^-$, acétone; c) HCl 0.5N; d) BaCO$_3$, Br$_2$, dioxane/eau; e) (CF$_3$SO$_2$)$_2$O, pyridine, CH$_2$Cl$_2$; f) NaN$_3$, DMSO; g) 1- H$_2$, Pd/C (10%), MeOH, 2- LiOH.H$_2$O, H$_2$O.

Schéma 7 : *Synthèse de l'amino-acide 43*

Il est à noter qu'au cours de cette synthèse aucune racémisation n'a été observée. Par contre, après la réduction de l'azoture **42**, l'aminolactone a été utilisée sans purification dans l'étape suivante. En effet, cette aminolactone a pu être purifiée par chromatographie falsh, entraine une dégradation rapide et les spectres RMN ^{1}H dans le (CDCl$_3$) correspondants sont complexes. Des taches multiples apparaissent en CCM. Nous avons donc effectué l'ouverture de l'aminolactone intermédiaire pour obtenir l'aminoacide **43** que nous avons complètement caractérisé.

III. Synthèse des acides α,γ-dihydroxylés

III.1 Préparation de l'acide (2R,3S,4S,5S)-2,4-dihydroxy-3,5,6-triméthoxy-hexanoïque 44.

Afin d'étudier l'influence du groupement NH$_2$ par comparaison au groupement OH dans le cadre des évaluations biologiques nous avons préparé l'α-hydroxyacide 4-hydroxylé **44**. Pour cela, la lactone **40** subit une hydrolyse basique en présence de LiOH·H$_2$O à température ambiante pour fournir l'acide α,γ-dihydroxylé **44** avec un rendement de 90% (Schéma 8).

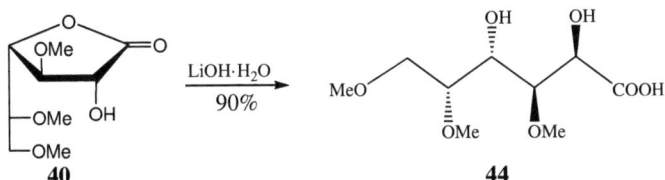

Schéma 8 : *Synthèse de l'acide α,γ-dihydroxylé **44***

III.2 Préparation de l'acide (2R,3S,4S)-2,4-dihydroxy-3-méthoxypentanoïque 45.

De même, le remplacement du groupement NH$_2$ par un groupement OH a été effectué dans le cas de l'acide **45**. Celui-ci a été obtenu à partir de la lactone **44**, après une hydrolyse basique en présence de LiOH·H$_2$O, avec un rendement de 91% (Schéma 9).

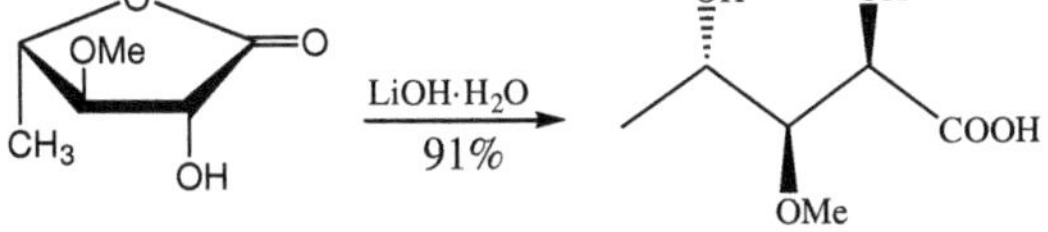

Schéma 9 : *Synthèse de l'acide α,γ-dihydroxylé **45***

IV. Etudes structurales

Etablir la configuration du carbone C-2 pour les composés **13**, **23**, **36** et **42**, déterminer la configuration du carbone C-3 des composés trifluorométhylés seront les deux points principaux de cette étude structurale. Pour cela, nous avons choisi de faire des expériences de nOe 1D sur les produits **13**, **24** et **49**.

L'interprétation des spectres nOe 1D des deux composés **13** et **24** montre que l'irradiation du proton H-2 provoque un accroissement important sur les protons H-3 (1,61 et 1,25%) et H-4 (1,70 et 0,88%). Par contre aucun effet nOe 1D n'a été observé entre les deux protons H-2 et H-5 (Figure 2). Par déduction, le groupement azido des deux composés **13** et **24** pointe du même côté que le groupement méthoxy. Ceci démontre que la substitution du triflate, des composés **12** et **22**, par l'azoture a été effectuée avec inversion de configuration (SN_2).

La constante de couplage entre les deux protons H-2 et H-3, pour les deux composés **13** et **24**, est respectivement $J_{2,3}$ (*cis*) = 4,5 et 5,1 Hz (Tableau I).

Au vue de ces résultats nous pouvons attribuer la configuration (*S*) au carbone C-2 des composés **13** et **24**.

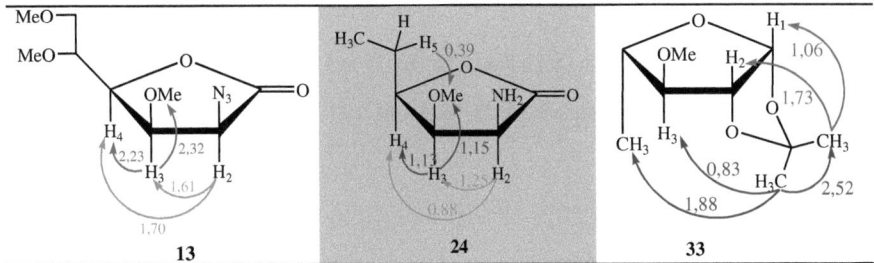

Figure 2 : *NOE 1D pour les structures 13, 24 et 33*

L'interprétation des valeurs illustrées au Tableau I, montre que la constante de couplage entre les protons H-2 et H-3 varie de 4,5 à 5,4 Hz, Le déplacement chimique de H-2 varie de 3,98 à 4,11 ppm pour les composés **13**, **23** et **36** et de 3,67 à 3,69 ppm pour **24**, **14** et **37**. D'autre part, nous n'avons pas observé une variation brusque des déplacements chimiques du carbone C-2 (δ varie de 58,4 à 61,7 ppm pour **13**, **23**, **36** et de 52,8 à 57,3 ppm pour **24**, **14** et **37**) Tableau I.

	H-2 $J_{2,3}$(Hz)	H-3 $J_{2,3}/J_{3,4}$(Hz)	H-4 $J_{3,4}/J_{4,5}$(Hz)	C-2	C-3 ou C-4	C-4 ou C-3
23	m; 4,02 ppm	m; 4,02 ppm	m; 4,29 ppm	61,7 ppm	80,3 ppm	83,1 ppm
13	d; 3,98 ppm 4,5 Hz	dd; 4,16 ppm 4,5 / 3,0 Hz	dd; 4,45 ppm 3,0/ 9,4 Hz	57,3 ppm	77,6 ppm	79,6 ppm
36	d; 4,11 ppm 5,3 Hz	dd; 3,79 ppm 5,3 / 1,6 Hz	dq; 4,66 ppm 1,6/ 6,8 Hz	58,4 ppm	78,9 ppm	82,5 ppm
24	d; 3,67 ppm 5,1 Hz	dd; 3,92 ppm 5,1 / 3,0 Hz	ddd; 4,24 ppm 3,0 / (6,0; 8,1) Hz	56,8 ppm	80,8 ppm	83,2 ppm
14	d; 3,67 ppm 4,9 Hz	dd; 4,09 ppm 4,9 /3,1 Hz	dd; 4,43 ppm 3,1 / 9,4 Hz	57,3 ppm	77,6 ppm	79,6 ppm
37	d; 3,69 ppm 5,4 Hz	d; 3,71 ppm 5,4 / ~ 0 Hz	q; 4,62 ppm ~ 0 / 6,9 Hz	52,8 ppm	77,4 ppm	82,2 ppm

Tableau I : *Constantes de couplage et déplacements chimiques des composés 23, 13, 36, 24, 14 et 37*

De plus, les travaux de Fleet[3] montrent que la substitution du triflate par un azoture se déroule avec inversion de configuration.

L'ensemble de ces résultats (nOe 1D, constantes de couplage, déplacements chimiques, temps de la réaction d'azidation (2,5 h pour **23** et **13**, 15 min pour **36**)), confère la configuration (*S*) pour le carbone C-2 des composés **13**, **23**, **36**, **24**, **14** et **37**.

V. Conclusion

Au cours de ce chapitre nous avons exploité la chiralité du D-glucose pour préparer 4 α-aminoacides et 2 α-hydroxyacides 4-hydroxylés analogues de la 4-hydroxyisoleucine. Les acides aminés ont été obtenus après une synthèse multi-étapes (8 à 15 étapes) avec des rendements globaux variant de 12 à 26%. Ces transformations ont été effectuées sans épimérisation, sauf dans le cas de l'ouverture de l'aminolactone **37** qui donne l'acide aminé **38** en mélange 4/1.

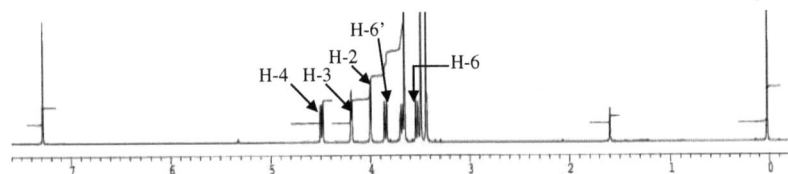

Irradiation de **H-2**

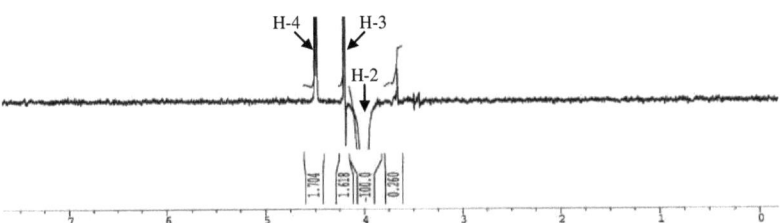

Irradiation de **H-3**

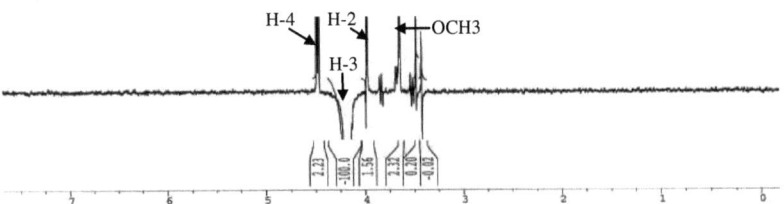

Irradiation de **H-4**

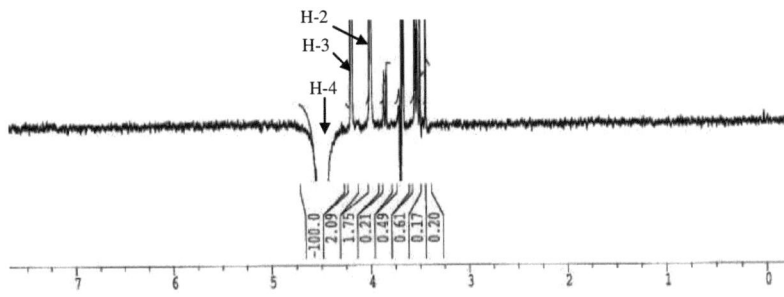

nOe 1D du composé **13**

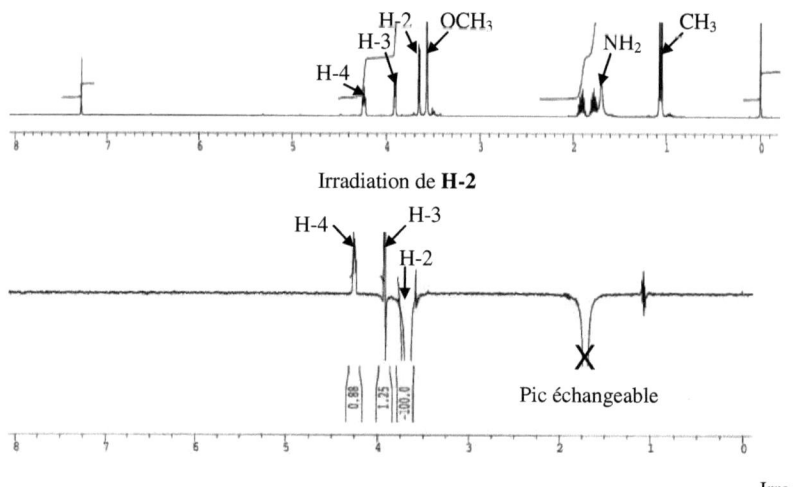

*nOe 1D du composé **24***

REFERENCES BIBLIOGRAPHIQUES

1- (a) Vekemans, J. A. J. M.; De Bruyn, R. G. M.; Caris, R. C. H. M.; Kokx, A. J. P. M.; Konings, J. J. H. G.; Godefroi, E. F. *J. Org. Chem.*, **1987**, *52*, 1093-1099 (b) Ariza, J.; Font, J.; Ortuno, R. M. *Tetrahedron Lett.*, **1991**, *32*, 1979-1982 (c) Tarrade, A.; Dauban, P.; Dodd, R. H. *J. Org. Chem.*, **2003**, *68*, 9521-9524 (d) Aggarwal, V. K.; Monteiro, N.; Tarver, G. J.; Lindell, S. D. *J. Org. Chem.*, **1996**, *61*, 1192-1193

2- (a) Ariza, J.; Font, J.; Ortuño, R. M. *Tetrahedron* **1990**, *46*, 1931-1942 (b) Ariza, J.; Dïaz, M.; Font, J.; Ortuño, R. M. *Tetrahedron* **1993**, *49*, 1315-1326

3- (a) Krülle, T. M.; Davis, B.; Ardron, H.; Long, D. D.; Hindle, N. A.; Smith, C.; Brown, D.; Lane, A. L.; Watkin, D. J.; Marquess, D. G.; Fleet, G. W. *J. Chem. Soc., Chem. Commun.*, **1996**, 1271-1272 (b) Bashyal, B. P.; Chow, H.-F.; Fellows, L. E.; Fleet, G. W. J. *Tetrahedron* **1987**, *43*, 415-422 (c) Fleet, G. W. J.; Smith, P. W. *Tetrahedron* **1986**, *20*, 5685-5692 (d) Estevez, J. C.; Fairbanks, A. J.; Fleet G, W. J. *Tetrahedron* **1998**, *54*, 13591-13620

4- Long, D. D.; Frederiksen, S. M.; Marquess, D. G.; Lane, A. L.; Watkin, D. J.; Winkler, D. A.; Fleet, G. W. J. *Tetrahedron Lett.*, **1998**, *39*, 6091-6094

5- Aouadi K., Lajoix A.-D., Gross R., Praly J.-P. *Eur. J. Org. Chem.* **2009**, 61–71

6- (a) Kartham, K. P. R. *Tetrahedron Lett.*, **1986**, *27*, 3415-3416 (b) Yan, S.; Klemm, D. *Tetrahedron* **2002**, *58*, 10065-10071

7- (a) Siddiqui, I. R. *Carbohydr. Res.*, **1969**, *9*, 344-346 (b) Descotes, G.; Praly, J.-P.; Sinou, D. *J. Mol. Catalysis* **1979**, 6, 421-430 (c) Just, G.; Crosilla, D. *Can. J. Chem.*, **1980**, *58*, 2349-2357

8- Stöver, M.; Lützen, A.; Koll, P. *Tetrahedron: Asymmetry* **2000**, *11*, 371-374

9- Bischofberger, K.; Brink, A. J.; De Villiers, O. G.; Hall, R. H.; Jordaan, A. *Carbohydr. Res.*, **1978**, *64*, 33-42

10- Mulholland, N. P.; Pattenden, G. *Tetrahedron Lett.*, **2005**, *46*, 937-939

11- Josan, J. S.; Eastwood, F. W. *Carbohydr. Res.*, **1968**, *7*, 161-166

12- Shasha, B. S.; Doane, W. M. *Carbohydr. Res.*, **1974**, *34*, 370-375

13- (a) Paquette, L. A.; Kim, I. H.; Cunière, N. *Org. Lett.*, **2003**, *5*, 221-223 (b) Tipson, R. S.; Cohen, A. *Carbohydr. Res.*, **1965**, *1*, 338-340

14- (a) Paulsen, H.; Behre, H. *Carbohydr. Res.*, **1966**, *2*, 80-81 (b) Sato, K.-I.; Akai, S.; Sakuma, M.; Kojima, M.; Suzuki, K.-J, *Tetrahedron Lett.*, **2003**, *44*, 4903-4907 (c) Andersan, R. C.; Fraser-Reid, B. *J. Org. Chem.*, **1985**, *50*, 4781-4786

15- Brimacombe, J. S.; Da'aboul, I.; Tucker, L. C. N. *J. Chem. Soc.*, **1971**, 3762-3765

16- (a) Haga, M.; Takano, M.; Tejima, S. *Carbohydr. Res.*, **1972**, *21*, 440-446 (b) Wood, W. W.; Watson, G. M. *J. Chem. Soc., Perkin Trans.*, 1, **1987**, 2681-2688

17- (a) Sasai, H.; Matsuno, K.; Suami, T. *J. Carbohydr. Chem.*, **1985**, *4*, 99-112 (b) Rondot, B.; Durand, T.; Rossi, J. C.; Rollin, P. *Carbohydr. Res.*, **1994**, *261*, 149-156 (c) Gallos, J. K.; Sarli, V. C.; Stathakis, C. I.; Koftis, T. V.; Nachmia, V. R.; Coutouli-Argyropoulou, E. *Tetrahedron* **2002**, *58*, 9351-9357

18- Yamamoto, H.; Hanaya, T.; Inokawa, S.; Seo, K.; Armour, M. A.; Nakashima, T. T. *Carbohydr. Res.*, **1983**, *114*, 83-93

19- Garegg, P. J.; Samuelsson, B. *J. Chem. Soc., Chem. Commun.*, **1979**, 978-980

20- Hansch, C.; Leo, A.; Taft, R.W. *Chem. Rev.*, **1991**, *91*, 165-195

21- Smart, B. E. *J. Fluorine Chem.*, **2001**, *109*, 3-11

22- Hung, S. C.; Wang, C. C.; Thopate, S. R. *Tetrahedron Lett.*, **2000**, *41*, 3119-3122

VII. Partie expérimentale

Procédure A : à une solution d'hydroxylactone (4,29 mmol) dans 17 mL de dichlorométhane refroidie à - 48°C, on additionne 1,2 mL de pyridine et 1,2 mL d'anhydride triflique (7,13 mmol). Le milieu réactionnel est laissé sous agitation à - 48°C pendant 3 h. Le dichlorométhane (100 mL) est ensuite additionné et le mélange est lavé avec HCl 1N (1 x 10 mL) puis avec une solution saturée de NaCl (1 x 10 mL). La phase organique est ensuite séchée sur Na_2SO_4, filtrée et évaporée. Le résidu est purifié par chromatographie sur gel de silice [EP/AcOEt (9:1)] pour conduire au triflate.

Procédure B : une solution de 1,2-acétonide (4,35 mmol) dans l'acide chlorhydrique 0,5N (34 mL) est chauffée à 70°C pendant 1,5 h. Après retour à température ambiante et neutralisation du milieu réactionnel avec une solution saturée de bicarbonate de sodium (12 mL). On évapore le solvant à 35°C sous pression réduite en ajoutant du toluène de façon à former un hétéroazéotrope avec l'eau. Le résidu est ensuite lavé avec l'acétate d'éthyle chaud (3 x 10 mL). Les phases organiques réunies sont séchées sur $MgSO_4$ puis évaporées. Le brut est solubilisé dans un mélange (33 mL) de dioxane/eau 2:1. On additionne alors du brome (9,77 mmol, 507,3 µL) et du $BaCO_3$ (4,3 mmol, 843 mg) et le mélange est agité à 25°C pendant 1 h. La réaction est ensuite stoppée par ajout d'une solution saturée de $Na_2S_2O_3$ et le mélange est extrait avec l'acétate d'éthyle (3 x 25 mL). Les phases organiques réunies sont séchées sur $MgSO_4$, filtrées puis évaporées. Le brut est ensuite chromatographié sur gel de silice dans le dichlorométhane pour donner l'hydroxylactone.

Procédure C : à une solution d'azoture de sodium (32 mg, 0,49 mmol) dans 1 mL de diméthylsulfoxyde anhydre, on additionne goutte à goutte 144 mg de triflate (0,49 mmol) dans 1,5 mL de diméthylsulfoxyde. Le milieu réactionnel est laissé sous agitation à température ambiante pendant 2,5 h. Le mélange est ensuite dilué avec l'eau permutée (3 mL) et extrait à l'éther diéthylique (4 x 2 mL). Les phases organiques réunies sont lavées avec l'eau, séchées sur Na_2SO_4, filtrées et évaporées. Le résidu est purifié par chromatographie sur gel de silice [EP/Et_2O 1:2] pour donner l'azide.

Procédure D : à une solution de l'aminolactone (0,47 mmol) dans 3,3 mL d'eau, on ajoute LiOH·H_2O (39 mg, 0,92 mmol) et on maintient l'agitation du milieu réactionnel à température ambiante pendant 24 h. Après ajout de 27,3 µL d'acide acétique (0,47 mmol), le mélange est évaporé et le résidu est solubilisé dans l'eau puis traité par une résine acide (DOWEX 50WX8-200). Après filtration, on lave la résine avec une solution de NH_4OH (2M). Le filtrat est évaporé puis chromatographié sur une colonne en phase inverse C-18 pour donner l'acide aminé.

Procédure E : à une solution de l'azidolactone (0,73 mmol) dans 25 mL de méthanol absolu sont ajoutés 40 mg de Pd/C à 10%. Le mélange est placé sous atmosphère de dihydrogène pendant 12 h. Après filtration sur célite et évaporation du filtrat, le résidu est purifié sur colonne de gel de silice [AcOEt/MeOH (4:1)] pour conduire à l'aminolactone.

Procédure F : à une solution du 5,6-diol (1,44 mmol) dans 10 mL d'eau, on ajoute $NaIO_4$ (309 mg, 1,44 mmol). Le mélange réactionnel est maintenu à température ambiante pendant 1 h. L'eau est évaporée et le solide obtenu est alors dissous dans 20 mL d'eau. La phase aqueuse est extraite par du dichlorométhane (3 x 10 mL). L'ensemble des phases organiques est séché sur Na_2SO_4 puis évaporé. Le résidu est dissous dans 3 mL d'eau et 135 mg de $NaBH_4$ (3,55 mmol, ~2,5 équiv.) sont ajoutés. Le mélange réactionnel est laissé sous agitation à température ambiante pendant 2 h. L'acide acétique est ensuite ajouté goutte à goutte pour neutraliser le milieu. Le mélange est coévaporé avec le méthanol (5 x 1 mL) afin d'éliminer les traces d'acide borique. Le brut est ensuite chromatographié sur gel de silice [EP/AcOEt (7:3)] pour donner l'alcool.

Procédure G : l'alcool (3,5 mmol) est dissous dans 15 mL du toluène, on ajoute ensuite de l'iode (7,0 mmol, 1,77 mg), de la triphénylphosphine (10,5 mmol, 2,75 g) et de l'imidazole (10,5 mmol,

720 mg). Le milieu réactionnel est maintenu sous agitation au reflux du toluène pendant 6 h. Après filtration sur célite et évaporation du filtrat, l'huile résiduelle est chromatographiée sur gel de silice [EP/AcOEt (8:2)] pour donner le dérivé iodé.

3,5,6-Tri-*O*-méthyl-D-glucono-1,4-lactone : 11

Obtenu à partir du 2-hydroxy-3,5,6-triméthoxy-glucofuranose **9** (2,29 mmol, 600 mg) selon la procédure **B** (durée de l'étape d'oxydation : 3 h) avec un rendement de 72% (363 mg).

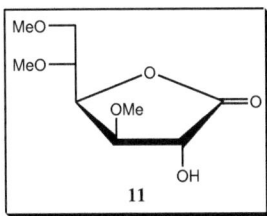

11 : solide blanc, P_f = 38-39°C

R_f = 0,45 [silice, AcOEt / EP (3:1)]

IR (KBr) : υ_{OH} = 3400 cm^{-1}, $\upsilon_{C=O}$ = 1790 cm^{-1}

$[\alpha]_D^{20}$ = + 44 (c = 0,95; CH$_2$Cl$_2$)

RMN ^{1}H (200 MHz, CDCl$_3$) δ 3,35 (s, 3H, OCH$_3$); 3,42 (s, 3H, OCH$_3$); 3,47 (s, 3H, OCH$_3$); 3,65 (m, 3H, H-5, H-6a et H-6b); 3,90 (s large, 1H, OH); 4,06 (t, 1H, $J_{3,4}$ = $J_{3,2}$ 6,0 Hz, H-3); 4,53 (d, 1H, $J_{2,3}$ 6,0 Hz, H-2); 4,67 (dd, 1H, $J_{4,5}$ 5,2 Hz, $J_{3,4}$ 6,0 Hz, H-4).

RMN ^{13}C (50 MHz, CDCl$_3$) δ 58,9 (OCH$_3$); 59,1 (OCH$_3$); 59,2 (OCH$_3$); 71,3 (C-6); 71,7 (C-5); 78,1, 79, 82,7 (C-2, C-3 et C-4); 175,5 (C-1).

SM (IC, isobutane) : m/z (%) = 221 [M+H$^+$] (100)

3,5,6-Tri-*O*-méthyl-2-*O*-trifluorométhanesulfonyl-D-glucono-1,4-lactone : 12

Obtenu à partir de **11** (2,27 mmol, 500 mg), selon la procédure **A**, avec un rendement de 79% (632 mg).

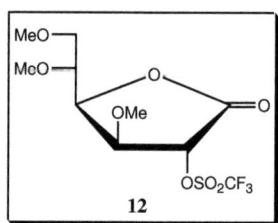

12 : liquide incolore

R_f = 0,37 [silice, EP/AcOEt (3:1)]

$[\alpha]_D^{22}$ = + 22 (c = 1 ; CH_2Cl_2)

IR (film) : 1800 cm^{-1}, 1420 cm^{-1}, 1210 cm^{-1}, 1340 cm^{-1}, 1140 cm^{-1}, 1051 cm^{-1}, 995 cm^{-1}.

RMN ^{1}H (200 MHz, CDCl$_3$) δ 3,36 (s, 3H, OCH$_3$); 3,45 (s, 3H, OCH$_3$); 3,53 (s, 3H, OCH$_3$); 3,67 (m, 3H, H-5, H-6a et H-6b); 4,35 (t, 1H, $J_{2,3}$ = $J_{3,4}$ 7,0 Hz, H-3); 4,78 (dd, 1H, $J_{4,5}$ 3,8 Hz, $J_{3,4}$ 7,0 Hz, H-4); 5,59 (d, 1H, $J_{2,3}$ 7,0 Hz, H-2).

RMN ^{13}C (50 MHz, CDCl$_3$) δ 59,2 (OCH$_3$); 59,3 (OCH$_3$); 59,5 (OCH$_3$); 70,5 (C-6); 77,5 (C-5); 79,5, 81,2, 81,4 (C-2, C-3 et C-4); 118,0 (q, $^1J_{C,F}$ 317,7 Hz, CF$_3$); 166,5 (C-1).

SM (CI, isobutane) : m/z = 353 [M+H$^+$], 321 [MH-MeOH]$^{2+}$

HRMS (CI, isobutane) : calculé pour $C_{10}H_{15}F_3O_8S$ [M+H$^+$] : 353,0518, trouvé : 353,0516

2-Azido-2-désoxy-3,5,6-tri-*O*-méthyl-D-idono-1,4-lactone : 13

Obtenu à partir de **12** (0,28 mmol, 100 mg), selon la procédure **C**, avec un rendement de 68% (47 mg).

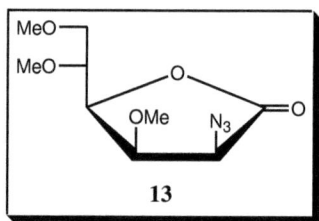

13 : cristaux blancs, P_f = 80-81°C (Et$_2$O)

R_f = 0,42 [silice, EP/Et$_2$O (1:2)]

IR (KBr) : υ_{N3} = 2100 cm^{-1}, $\upsilon_{C=O}$ = 1800 cm^{-1}

$[\alpha]_D^{20}$ = -17 (c = 0,7; CH$_2$Cl$_2$)

RMN ^{1}H (200 MHz, CDCl$_3$) δ 3,40 (s, 3H, OCH$_3$); 3,45 (s, 3H, OCH$_3$); 3,62 (s, 3H, OCH$_3$); 3,52 (m, 1H, H-6a); 3,67 (m, 1H, H-5); 3,81 (dd, 1H, $J_{5,6b}$ 1,7 Hz, $J_{6a,6b}$ 11,0 Hz, H-6b); 3,98 (d, 1H, $J_{2,3}$ 4,5 Hz, H-2); 4,16 (dd, 1H, $J_{3,4}$ 3,0 Hz, $J_{2,3}$ 4,5 Hz, H-3); 4,45 (dd, 1H, $J_{4,3}$ 3,0 Hz, $J_{4,5}$ 9,4 Hz, H-4).

RMN ^{13}C (50 MHz, CDCl$_3$) δ 57,3 (C-2); 59,5 (OCH$_3$); 60,5 (OCH$_3$); 61,4 (OCH$_3$); 69,0 (C-6); 75,8 (C-5); 77,6, 79,6 (C-3 et C-4); 170,5 (C-1).

SM (ESI) : m/z (%) = 218 [MH-N$_2$]$^+$ (33), 246 [M+H$^+$] (100)

HRMS (CI, isobutane) : calculé pour C$_9$H$_{16}$N$_3$O$_5$ [M+H$^+$]: 246,1090, trouvé : 246,1091

2-Amino-2-désoxy-3,5,6-tri-*O*-méthyl-D-idono-1,4-lactone : 14

Obtenu à partir de **13** (0,49 mmol, 120 mg), selon la procédure **E**, avec un rendementde 93% (100 mg).

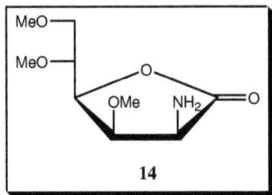

14

14 : solide blanc, P_f = 111-112°C (Et$_2$O)

R_f = 0,37 [silice, AcOEt/MeOH (3:1)]

$[\alpha]_D^{20}$ = + 8 (c = 0,6; CH$_2$Cl$_2$)

RMN ^{1}H (200 MHz, CDCl$_3$) δ 2,03 (s large, 2H, NH$_2$); 3,41 (s, 3H, OCH$_3$); 3,46 (s, 3H, OCH$_3$); 3,59 (s, 3H, OCH$_3$); 3,54 (m, 2H, H-5 et H-6a); 3,67 (d, 1H, J$_{2,3}$ 4,9 Hz, H-2); 3,84 (dd, 1H, J$_{6b,5}$ 1,8 Hz, J$_{6b,6a}$ 10,9 Hz, H-6b); 4,09 (dd, 1H, J$_{3,4}$ 3,1 Hz, J$_{3,2}$ 4,9 Hz, H-3); 4,43 (dd, 1H, J$_{4,3}$ 3,1 Hz, J$_{4,5}$ 9,4 Hz, H-4).

RMN ^{13}C (50 MHz, DMSO) δ 57,3 (C-2); 59,5 (OCH$_3$); 60,5 (OCH$_3$); 61,4 (OCH$_3$); 69,0 (C-6); 75,8 (C-5); 77,6, 79,6 (C-3 et C-4); 170,5 (C-1).

SM (CI, isobutane) : m/z (%) = 220 [M+H$^+$] (100)

HRMS (CI, isobutane) : calculé pour C$_9$H$_{18}$NO$_5$ [M+H$^+$]: 220,1185, trouvé : 220,1182

Acide (2S,3R,4S,5R)-2-amino-4-hydroxy-3,5,6-triméthoxyhexanoïque : 15

Obtenu à partir de **14** (0,45 mmol, 100 mg), selon la procédure **D**, avec un rendement de 85% (92 mg).

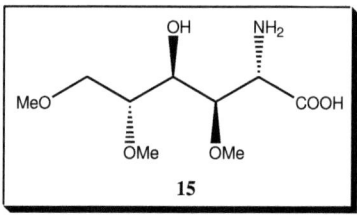

15 : solide blanc, P$_f$ = 147-148°C (on note à cette température un noircissement du solide indiquant une décomposition).

IR (KBr) : υ$_{OH}$ = 3400 cm^{-1}; υ$_{NH2}$ = 3200 cm^{-1}, υ$_{C=O}$ = 1630 cm^{-1}

[α]$_D^{20}$ = - 22 (c = 0,4; H$_2$O)

RMN ^{1}H (300 MHz, D$_2$O) δ 3,38 (s, 3H, OCH$_3$); 3,44 (s, 3H, OCH$_3$); 3,52 (s, 3H, OCH$_3$); 3,57 (m, 2H, H-5 et H-6a); 3,78 (m, 2H, H-4 et H-6b); 3,97 (dd, 1H, J$_{3,4}$ 1,5 Hz, J$_{3,2}$ 4,7 Hz, H-3); 4,35 (d, 1H, J$_{2,3}$ 4,7 Hz, H-2).

RMN ^{13}C (50 MHz, D$_2$O) δ 55,3 (C-2); 57,8 (OCH$_3$); 58,1 (OCH$_3$); 59,1 (OCH$_3$); 70,1 (C-6); 70,5 (C-4); 76,7 (C-3); 79,3 (C-5); 182 (C-1).

SM (ESI) : m/z (%) = 238 [M+H$^+$] (100), 220 [MH-H$_2$O]$^+$ (15)

HRMS (CI, isobutane) : calculé pour C$_9$H$_{20}$NO$_6$ [M+H$^+$]: 238,1291, trouvé : 238,1291

5,6-Didésoxy-3-*O*-méthyl-D-*xylo*-hexono-1,4-lactone 21

Obtenu à partir de **20** (879 mg, 4,35 mmol), selon la procédure **B**, avec un rendement de 68 % (477 mg).

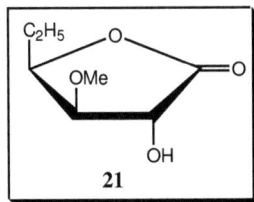

21 : liquide transparent

IR (film): $υ_{OH}$ = 3412 cm^{-1}, $υ_{C=O}$ = 1770 cm^{-1}

R$_f$ = 0,46 [silice, AcOEt/EP (3:1)]

[α]$_D^{21}$ = + 48 (c = 1; CH$_2$Cl$_2$)

RMN ^{1}H (200 MHz, CDCl$_3$) δ 1,01 (t, 3H, J$_{6,5}$ = J$_{6,5'}$ 7,4 Hz, CH$_3$); 1,56 (ddd, 1H, J$_{5,6}$ 7,4 Hz, J$_{5,4}$ 9,4 Hz, J$_{5,5'}$ 12,0 Hz, H-5); 1,83 (ddd, 1H, J$_{5',4}$ 4,2 Hz, J$_{5',6}$ 7,4 Hz, J$_{5',5}$ 12,0 Hz, H-5'); 3,48 (s, 3H, OCH$_3$); 3,88 (s large, 1H, OH); 4,04 (t, 1H, J$_{3,2}$ = J$_{3,4}$ 7,1 Hz, H-3); 4,44 (d, 1H, J$_{2,3}$ 7,1 Hz, H-2); 4,54 (m, 1H, J$_{3,4}$ 7,1 Hz, J$_{4,5'}$ 4,2 Hz et J$_{4,5}$ 9,4 Hz, H-4).

RMN ^{13}C (50 MHz, CDCl$_3$) δ 10,0 (CH$_3$); 22,7 (CH$_2$); 58,3 (OCH$_3$); 71,4, 81,5 et 82,4 (C-2, C-3 et C-4); 175,6 (C-1).

SM (CI, isobutane) : m/z (%) = 161 [M+H$^+$] (100)

HRMS (CI, isobutane) : calculé pour C$_7$H$_{13}$O$_4$ [M+H$^+$]: 161,0814, trouvé : 161,0817

5,6-Didésoxy-3-*O*-méthyl-2-*O*-trifluorométhanesulfonyl-D-*xylo*-hexono-1,4-lactone : 22

Obtenu à partir de **21** (675 mg, 4,29 mmol), selon la procédure **A**, avec un rendement de 99% (1,22 g).

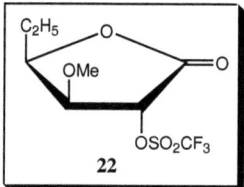

22 : liquide transparent.

R_f = 0,76 [silice, EP/AcOEt (4:1)]

IR (film) : 1800 cm^{-1}, 1420 cm^{-1}, 1330 cm^{-1}, 1210 cm^{-1}, 1140 cm^{-1}, 1050 cm^{-1}, 995 cm^{-1}.

$[\alpha]_D^{21}$ = + 71 (c = 1; CH$_2$Cl$_2$)

RMN ^{1}H (200 MHz, CDCl$_3$) δ 1,05 (t, 3H, $J_{5',6}$ 7,4 Hz, CH$_3$); 1,65 (ddd, 1H, $J_{5,6}$ 7,4 Hz, $J_{5,4}$ 9,3 Hz, $J_{5,5'}$ 12,0 Hz, H-5); 1,85 (ddd, 1H, $J_{5',4}$ 4,5 Hz, $J_{5',6}$ 7,5 Hz, $J_{5',5}$ 12,0 Hz, H-5'); 3,50 (s, 3H, OCH$_3$); 4,27 (t, 1H, $J_{3,4}$ = $J_{3,2}$ 6,6 Hz, H-3); 4,63 (m, 1H, $J_{4,5'}$ 4,5 Hz, $J_{3,4}$ 6,6 Hz, $J_{4,5}$ 9,3 Hz, H-4); 5,26 (d, 1H, $J_{2,3}$ 6,6 Hz, H-2).

RMN ^{13}C (50 MHz, CDCl$_3$) δ 9,7 (C-6); 22,5 (C-5); 58,8 (OCH$_3$); 80,1, 81,1 et 81,7 (C-2, C-3, C-4); 118,4 (q, $^1J_{C,F}$ 317,8 Hz, CF$_3$); 166,4 (C-1).

RMN ^{19}F (188 MHz, CDCl$_3$) δ – 74,7 (s, CF$_3$)

SM (CI, isobutane): m/z (%) = 293 [M+H$^+$] (100)

2-Azido-5,6-didésoxy-3-*O*-méthyl-D-*lyxo*-hexono-1,4-lactone : 23

Obtenu à partir de **22** (144 mg, 0,49 mmol), selon la procédure **C**, avec un rendement de 70% (101 mg).

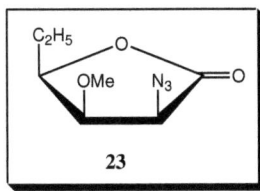

23 : liquide jaunâtre

R_f = 0,4 [silice, EP/Et$_2$O (1:2)]

$[\alpha]_D^{22}$ = - 30 (c = 1; CH$_2$Cl$_2$)

IR (film): υ_{N_3} = 2100 cm^{-1}, $\upsilon_{C=O}$ = 1775 cm^{-1}

RMN ^{1}H (200 MHz, CDCl$_3$) δ 1,03 (t, 3H, J$_{5,6}$ 7,5 Hz, CH$_3$); 1,85 (m, 2H, H-5 et H-5'); 3,60 (s, 3H, OCH$_3$); 4,02 (m, 2H, H-2 et H-3); 4,29 (m, 1H, H-4).

RMN ^{13}C (50 MHz, CDCl$_3$) δ 9,5 (CH$_3$); 21,7 (C-5); 60,7 (OCH$_3$); 61,7 (C-2); 80,3, 83,1 (C-3 et C-4); 171 (C-1).

SM (CI, isobutane) : m/z (%) = 186 [M+H$^+$] (100), 114 [MH-N$_2$-CO$_2$]$^{2+}$ (86)

2-Amino-5,6-didésoxy-3-*O*-méthyl-D-*lyxo*-hexono-1,4-lactone : 24

Obtenu à partir de **23** (0,73 mmol, 136 mg), selon la procédure E, avec un rendement de 65% (76 mg).

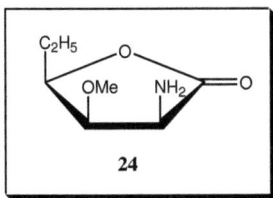

24 : solide blanc, P$_f$ = 39-40°C (Et$_2$O)

R_f = 0,5 [silice, AcOEt/ MeOH (4:1)]

$[\alpha]_D^{25}$ = + 4 (c = 0,3; CH$_2$Cl$_2$)

IR (film) ; υ_{NH2} = 3390 cm^{-1}, $\upsilon_{C=O}$ = 1775 cm^{-1}

RMN ^{1}H (300 MHz, CDCl$_3$) δ 1,06 (t, 3H, J$_{5,6}$ 7,4 Hz, CH$_3$); 1,86 (m, 2H, H-5 et H-5'); 1,83 (s, 2H, NH$_2$); 3,57 (s, 3H, OCH$_3$); 3,67 (d, 1H, J$_{2,3}$ 5,1 Hz, H-2); 3,92 (dd, 1H, J$_{3,4}$ 3,0 Hz, J$_{3,2}$ 5,1 Hz, H-3); 4,24 (ddd, 1H, J$_{4,3}$ 3,0 Hz, J$_{4,5'}$ 8,1 Hz, J$_{4,5}$ 6,0 Hz, H-4).

RMN ^{13}C (75 MHz, CDCl$_3$) δ 10,3 (C-6); 21,2 (C-5); 56,8 (C-2); 61,5 (OCH$_3$); 80,8, 83,2 (C-3 et C-4); 177,9 (C-1).

SM (ESI) : m/z (%) = 160 [M+H$^+$] (100), 192 [MH+CH$_3$OH]$^+$(51), [2M+H]$^+$(31)

HRMS (CI, isobutane) : calculé pour C$_7$H$_{14}$NO$_3$ [M+H$^+$]: 160,0974, trouvé : 160,0973

Acide (2S,3R,4R)-2-amino-4-hydroxy-3-méthoxyhexanoïque 25

Obtenu à partir de **24** (0,47 mmol, 76 mg), selon la procédure **D**, avec un rendement de 82 % (42 mg).

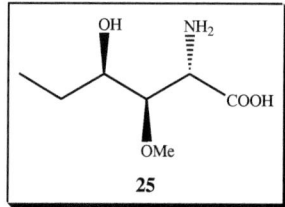

25 : liquide jaunâtre

R$_f$ = 0,36 [silice, AcOEt /MeOH (1:2)]

[α]$_D^{20}$ = + 21 (c = 0,3; CH$_2$Cl$_2$)

IR (KBr): υ_{OH} = 3400 cm^{-1}, υ_{NH2} = 3200 cm^{-1}, $\upsilon_{C=O}$ = 1620 cm^{-1}

RMN ^{1}H (200 MHz, D$_2$O) δ 0,93 (t, 3H, J$_{5,6}$ 7,5 Hz, CH$_3$); 1,62 (quin, 2H, J$_{5,6}$ 7,5 Hz, H-5 et H-5'); 3,54 (s, 3H, OCH$_3$); 3,72 (m, 2H, H-3 et H-4); 4,27 (d, 1H, J$_{2,3}$ 4,1 Hz, H-2).

RMN ^{13}C (50 MHz, D$_2$O) δ 9,7 (C-6); 26,8 (C-5); 55,7 (C-2); 58,6 (OCH$_3$); 74,1, 79,3 (C-3 et C-4); 172,9 (C-1).

SM (ESI) : m/z (%) = 178 [M+H$^+$] (100)

HRMS (CI, isobutane) : calculé pour C$_7$H$_{16}$NO$_4$ [M+H$^+$]: 178,1079, trouvé : 178,1077

1,2-*O*-Isopropylidène-3-*O*-méthyl-α-D-galactofuranose : 29

Le 1,2;5,6-di-*O*-isopropylidène-3-*O*-méthyl-α-D-galactofuranose[12] (13,1 mmol, 3,58 g) est solubilisé dans un mélange d'acide acétique (37 mL) et d'eau (16 mL). Le milieu réactionnel est maintenu sous agitation à température ambiante pendant 6 h. Les solvants sont ensuite évaporés et le résidu obtenu est chromatographié sur gel de silice [EP/AcOEt (1:3)] pour donner le composé **29** (3,35 g, 88%).

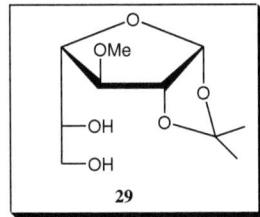

29 : liquide transparent

R$_f$ = 0,39 [silice, EP/AcOEt (1:3)]

IR (film) : ν$_{OH}$ = 3450 cm^{-1}, 2990 cm^{-1}, 2920 cm^{-1}

[α]$_D^{27}$ = - 23 (c = 1; CH$_2$Cl$_2$), dans la littérature [α] = - 31 (c = 0,9; CHCl$_3$)

RMN ^{1}H (200 MHz, CDCl$_3$) δ 1,34 (s, 3H, CH$_3$); 1,53 (s, 3H, CH$_3$); 2,59 (s, 2H, OH); 3,41 (s, 3H, OCH$_3$); 3,69 (m, 2H, H-6a et H-6b); 3,75 (m, 1H, H-5); 3,80 (dd, 1H, J$_{3,4}$ 3,6 Hz, J$_{3,2}$ 0,8 Hz, H-3); 3,92 (dd, 1H, J$_{3,4}$ 3,6 Hz, J$_{4,5}$ 6,5 Hz, H-4); 4,58 (dd, 1H, J$_{2,3}$ 0,8 Hz, J$_{2,1}$ 4,2 Hz, H-2); 5,87 (d, 1H, J$_{1,2}$ 4,2 Hz, H-1).

RMN ^{13}C (50 MHz, CDCl$_3$) δ 26,4 (CH$_3$); 27,1 (CH$_3$); 57,6 (OCH$_3$); 63,8 (C-6); 71,0 (C-5); 84,7 (C-2); 85,1 (C-4); 85,5 (C-3); 105,5 (C-1); 113,2 (<u>C</u>(CH$_3$)$_2$).

SM (CI, isobutane) : m/z (%) = 235 [M+H$^+$] (24), 177 [MH-CH$_3$COCH$_3$]$^+$ (72)

1,2-*O*-Isopropylidène-3-*O*-méthyl-β-L-arabinofuranose : 30

Obtenu à partir de **29** (454 mg, 1,94 mmol), selon la procédure **F**, avec un rendement de 86% (341 mg).

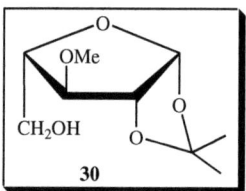

30 : liquide transparent

R_f = 0,38 [silice, EP/AcOEt (1:1)]

IR (film) : ν_{OH} = 3410, 2990, 2920 cm^{-1}

$[\alpha]_D^{22}$ = -26 (c = 1; CH$_2$Cl$_2$)

RMN ^{1}H (300 MHz, CDCl$_3$) δ 1,34 (s, 3H, CH$_3$); 1,53 (s, 3H, CH$_3$); 2,17 (s large, 1H, OH); 3,38 (s, 3H, OCH$_3$); 3,76 (m, 3H, H-3, H-5a et H-5b); 4,11 (dd, 1H, $J_{3,4}$ 3,2 Hz, $J_{4,5a}$ 5,3 Hz, $J_{4,5b}$ 8,8 Hz, H-4); 4,60 (d, 1H, $J_{2,1}$ 4,0 Hz, H-2); 5,88 (d, 1H, $J_{1,2}$ 4,0 Hz, H-1).

RMN ^{13}C (50 MHz, CDCl$_3$) δ 26,3 (CH$_3$); 27,1 (CH$_3$); 57,5 (OCH$_3$); 62,7 (C-5); 84,6 (C-2); 85,0 (C-4); 85,5 (C-3); 105,6 (C-1); 112,8 (*C*(CH$_3$)$_2$).

SM (CI, isobutane) : m/z (%) = 205 [M +H$^+$] (26), 147 [MH-CH$_3$COCH$_3$]$^+$ (100)

Analyse élémentaire pour C$_9$H$_{16}$O$_5$:

Calculé (%) : C, 52,93; H, 7,90; O, 39,17

Trouvé (%) : C, 53,25; H, 7,91; O, 39,46

1,2-*O*-Isopropylidène-3-*O*-méthyl-5-*O*-tosyl-β-L-arabinofuranose : 31

A une solution de **30** (4,22 mmol, 861 mg) dans 8,6 mL de pyridine, on additionne le chlorure de tosyle (9,05 mmol, 1,72 g). Le mélange réactionnel est maintenu sous agitation à température ambiante pendant 24 h. Après élimination de la pyridine par co-évaporation avec le toluène, le résidu est purifié par passage sur colonne de gel de silice [EP/AcOEt 1:1] pour donner le composé **31** (1,19 g, 80%).

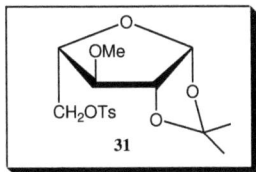

31 : solide blanc, P_f = 98-90°C (Et_2O)

R_f = 0,78 [silice, EP/AcOEt (1:1)]

IR (KBr) : ν = 830, 970, 1010, 1170, 1350, 1590 cm^{-1}

$[α]_D^{22}$ = -25 (c = 1; CH_2Cl_2)

RMN ^{1}H (300 MHz, $CDCl_3$) δ 1,28 (s, 3H, CH_3); 1,37 (s, 3H, CH_3); 2,45 (s, 3H, CH_3); 3,36 (s, 3H, OCH_3); 3,75 (d, 1H, $J_{3,4}$ 1,5 Hz, H-3); 4,16 (m, 3H, H-4, H-5 et H-5'); 4,53 (d, 1H, $J_{2,1}$ 3,8 Hz, H-2); 5,82 (d, 1H, $J_{1,2}$ 3,8 Hz, H-1); 7,35 (d, 2H, ^{3}J 7,9 Hz, H_{Ar}); 7,80 (d, 2H, ^{3}J 8,4 Hz, H_{Ar}).

RMN ^{13}C (75 MHz, $CDCl_3$) δ 21,6 (CH_3); 25,9 (CH_3); 26,6 (CH_3); 57,5 (OCH_3); 68,5 (C-5); 81,8, 83,8 et 84,5 (C-2, C-3 et C-4); 105,9 (C-1); 112,6 ($\underline{C}(CH_3)_2$); 128,0, 129,9 (CH_{Ar}); 132,6, 145,0 (C_{Ar}).

SM (ESI): m/z (%) = 381 [M+Na$^+$] (47), 738.7 [2M+Na$^+$] (100)

HRMS (ESI) : calculé pour $C_{16}H_{22}NaO_7S$ [M+Na$^+$]: 381,0984, trouvé 381,0986

5-Désoxy-5-iodo-1,2-O-isopropylidène-3-O-méthyl-β-L-arabinofuranose 32

Obtenu à partir de **30** (3,5 mmol, 720 mg), selon la procédure **G**, avec un rendement de 85% (942 mg).

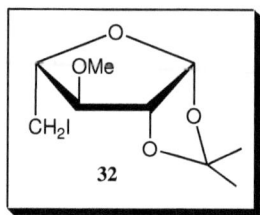

32 : liquide transparent

R_f = 0,6 [silice, EP/AcOEt (4:1)]

$[\alpha]_D^{15}$ = + 8 (c = 0,8; CH_2Cl_2)

RMN ^{1}H (300 MHz, $CDCl_3$) δ 1,28 (s, 3H, CH_3); 1,50 (s, 3H, CH_3); 3,35 (m, 2H, H-5 et H-5'); 3,39 (s, 3H, OCH_3); 3,88 (d, 1H, $J_{3,4}$ 1,5 Hz, H-3); 4,23 (ddd, 1H, $J_{4,3}$ 1,2 Hz, $J_{4,5}$ 6,6 Hz, $J_{4,5'}$ 9,0 Hz, H-4); 4,57 (d, 1H, $J_{2,1}$ 3,9 Hz, H-2); 5,89 (d, 1H, $J_{1,2}$ 3,9 Hz, H-1).

RMN ^{13}C (50 MHz, $CDCl_3$) δ 6,2 (C-5); 25,8 (CH_3); 26,9 (CH_3); 57,2 (OCH_3); 84,0, 85,1, 85,9 (C-2, C-3 et C-4); 106,3 (C-1); 112,4 ($\underline{C}(CH_3)_2$).

SM (CI, isobutane) : m/z (%) = 315 [M+H$^+$] (2), 190 [MH–I]$^+$ (100)

Analyse élémentaire pour $C_9H_{15}O_4I$:

Calculé (%) : C, 34,41; H, 4,81; O, 20,37 ; I, 40,40

Trouvé (%) : C, 34,11; H, 5,02; O, 20,54 ; I, 39,98

5-Désoxy-1,2-*O*-isopropylidène-3-*O*-méthyl-β-L-arabinofuranose : 33

A une solution de **32** (0,87 mmol, 276 mg) dans 10 mL de méthanol absolu sont ajoutés 122 mg de K_2CO_3 (0,87 mmol) et 97 mg de Pd/C (10%). Le mélange est placé sous atmosphère de dihydrogène pendant 1 h. Après filtration sur célite et évaporation du filtrat, le solide résiduel est chromatographié sur gel de silice [EP/AcOEt (8:2)] pour conduire au composé **33** (149 mg, 90 %).

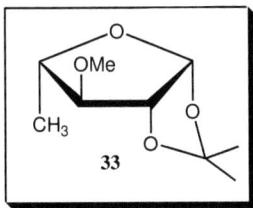

33 : liquide transparent

R_f = 0,5 [silice, EP/AcOEt (4:1)]

$[\alpha]_D^{22}$ = - 25 (c = 1; CH_2Cl_2)

RMN ^{1}H (200 MHz, $CDCl_3$) δ 1,35 (s, 3H, CH_3); 1,41(d, 3H, $J_{5,4}$ 6,7 Hz, H-5); 1,55 (s, 3H, CH_3); 3,41 (s, 3H, OCH_3); 3,54 (dd, 1H, $J_{3,2}$ 0,8 Hz, $J_{3,4}$ 3,5 Hz, H-3); 4,07 (dq, 1H, $J_{4,3}$ 3,5 Hz, $J_{4,5}$ 6,7 Hz, H-4); 4,55 (d, 1H, $J_{2,1}$ 4,1 Hz, H-2); 5,82 (d, 1H, $J_{1,2}$ 4,1 Hz, H-1).

RMN ^{13}C (50 MHz, $CDCl_3$) δ 20,1 (C-5); 26,5 (CH_3); 27,2 (CH_3); 57,6 (OCH_3); 80,4, 85,0, 89,6 (C-2, C-3, C-4); 105,4 (C-1); 112,9 ($\underline{C}(CH_3)_2$).

SM (CI, isobutane) : m/z (%) = 189 [M+H$^+$] (100), 131 [MH-$CH_3COCH_3^+$] (96)

HRMS (CI, isobutane) : calculé pour $C_9H_{17}O_4$ [M+H$^+$]: 189,1127, trouvé : 189,1129

5-Désoxy-3-*O*-méthyl-L-arabinono-1,4-lactone : 34

Obtenu à partir de **33** (1,06 mmol, 200 mg), selon la procédure **B**, avec un rendement de 73% (112,6 mg).

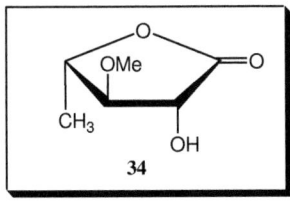

34 : solide blanc, P_f = 84-85°C (Et_2O)

R_f = 0,64 [silice, EP/AcOEt (3:1)]

IR (KBr) : ν_{OH} = 3410 cm^{-1}, $\nu_{C=O}$ = 1760 cm^{-1}

$[\alpha]_D^{21}$ = - 27 (c = 1; CH$_2$Cl$_2$)

RMN ^{1}H (200 MHz, CDCl$_3$) δ 1,50 (d, 3H, J$_{5,4}$ 6,3 Hz, H-5); 3,40 (d, 1H, ^{3}J$_{OH,2}$ 3,3 Hz, OH); 3,56 (s, 3H, OCH$_3$); 3,67 (t, 1H, J$_{3,4}$ = J$_{3,2}$ 8,0 Hz, H-3); 4,27 (dq, 1H, J$_{4,5}$ 6,3 Hz, J$_{4,3}$ 8,0 Hz, H-4); 4,48 (dd, 1H, J$_{2,OH}$ 3,4 Hz, J$_{2,3}$ 8,0 Hz, H-2).

RMN ^{13}C (50 MHz, CDCl$_3$) δ 18,8 (C-5); 58,6 (OCH$_3$); 74,6, 76,5, 87,9 (C-2, C-3 et C-4); 175,1 (C-1).

SM (ESI) : m/z (%) = 146 [M$^+$] (100)

HRMS (ESI) : calculé pour C$_6$H$_{10}$O$_4$: 146.0579, trouvé : 146.0577

Analyse élémentaire pour C$_6$H$_{10}$O$_4$:

Calculé (%) : C, 49,31; H, 6,90; O, 43,79

Trouvé (%) : C, 49,25; H, 6,98; O, 43,43

5-Désoxy-3-*O*-méthyl-2-*O*-trifluorométhanesulfonyl-L-arabinono-1,4-lactone : 35

Obtenu à partir de **34** (1,36 mmol, 200 mg), selon la procédure **A**, avec un rendement de 85% (325 mg).

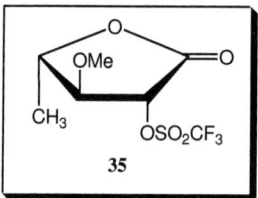

35 : liquide transparent

R$_f$ = 0,61 [silice, EP/AcOEt (1:4)]

IR (KBr) : ν = 1810, 1420, 1210, 1140, 1110, 1080, 1010 cm^{-1}

$[\alpha]_D^{21}$ = - 8 (c = 1; CH$_2$Cl$_2$)

RMN ^{1}H (200 MHz, CDCl$_3$) δ 1,56 (d, 3H, J$_{5,4}$ 6,3 Hz, H-5); 3,56 (s, 3H, OCH$_3$); 3,94 (t, 1H, J$_{3,4}$ = J$_{3,2}$ 7,9 Hz, H-3); 4,39 (dq, 1H, J$_{4,5}$ 6,3 Hz, J$_{4,3}$ 7,9 Hz, H-4); 5,4 (d, 1H, J$_{2,3}$ 7,9 Hz, H-2).

RMN ^{13}C (50 MHz, CDCl$_3$) δ 18,8 (C-5); 59,4 (OCH$_3$); 76,8, 83,2, 85,6 (C-2, C-3 et C-4); 118,4 (q, ^{1}J$_{C,F}$ 317,5 Hz, CF$_3$); 165,9 (C-1).

SM (CI, isobutane) : m/z (%) = 279 [M+H$^+$] (28), 209 [MH-CF$_3$]$^+$ (17)

HRMS (CI, isobutane) : calculé pour C$_7$H$_{10}$F$_3$O$_6$S [M+H$^+$]: 279,0150, trouvé : 279,0151

2-Azido-2,5-didésoxy-3-O-méthyl-L-ribono-1,4-lactone : 36

Obtenu à partir de **35** (0,46 mmol, 130 mg) selon la procédure **C** (durée de la réaction : 15 min) avec un rendement de 76% (52 mg).

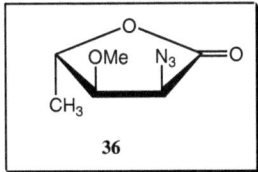

36 : liquide transparent

R$_f$ = 0,20 [silice, EP/AcOEt (4:1)]

IR (film) : ν$_{N3}$ = 2100 cm^{-1}, ν$_{C=O}$ = 1775 cm^{-1}

[α]$_D^{21}$ = + 11 (c = 1; CH$_2$Cl$_2$)

RMN ^{1}H (200 MHz, CDCl$_3$) δ 1,41 (d, 3H, J$_{5,4}$ 6,8 Hz, CH$_3$); 3,53 (s, 3H, OCH$_3$); 3,79 (dd, 1H, J$_{3,4}$ 1,6 Hz, J$_{3,2}$ 5,3 Hz, H-3); 4,11 (d, 1H, J$_{2,3}$ 5,3 Hz, H-2); 4,66 (dq, 1H, J$_{4,3}$ 1,6 Hz, J$_{4,5}$ 6,8 Hz, H-4).

RMN ^{13}C (50 MHz, CDCl$_3$) δ 18,4 (CH$_3$); 58,4 (C-2); 58,7 (OCH$_3$); 78,9, 82,5 (C-3 et C-4); 170,5 (C-1).

SM (CI, isobutane) : m/z (%) = 172 [M+H$^+$] (100)

HRMS (CI, isobutane) : calculé pour $C_6H_{10}N_3O_3$ [M+H$^+$]: 172,0722, trouvé : 172,0726

2-Amino-2,5-didésoxy-3-O-méthyl-L-ribono-1,4-lactone : 37

Obtenu à partir de **36** (0,76 mmol, 130 mg), selon la procédure **E**, avec un rendement de 70% (77 mg).

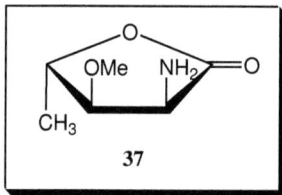

37 : liquide transparent

R_f = 0,19 [silice, AcOEt/MeOH (9:1)]

$[\alpha]_D^{21}$ = - 3,5 (c = 1; CH_2Cl_2)

RMN ^{1}H (300 MHz, CDCl$_3$) δ 1,37 (d, 3H, $J_{5,4}$ 6,9 Hz, CH$_3$); 1,70 (s large, 2H, NH$_2$); 3,46 (s, 3H, OCH$_3$); 3,69 (d, 1H, $J_{2,3}$ 5,4 Hz, H-2); 3,71 (d, 1H, $J_{2,3}$ 5,4 Hz, H-3); 4,62 (q, 1H, $J_{4,5}$ 6,9 Hz, H-4).

RMN ^{13}C (50 MHz, CDCl$_3$) δ 18,4 (CH$_3$); 52,8 (C-2); 57,7 (OCH$_3$); 77,4, 82,2 (C-3 et C-4); 177,3 (C-1).

SM (CI, isobutane) : m/z (%) = 146,2 [M+H$^+$] (100)

HRMS (CI, isobutane) : calculé pour $C_6H_{12}NO_3$ [M+H$^+$]: 146,0817, trouvé : 146,0818

Acide (2S,3R,4S)-2-amino-3-méthoxy-4-hydroxypentanoïque : 38

Obtenu à partir de **37** (0,14 mmol, 20 mg) selon la procédure **D**, avec un rendement de 80% (18 mg). Pureté : mélange 2S/2R = 4:1 (déterminé par RMN).

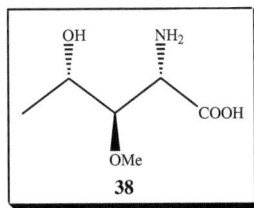

38

38 : solide blanc, P$_f$ = 133-135 °C (EtOH)

R$_f$ = 0,38 [silice, isopropanol/eau (8:2)]

[α]$_D^{21}$ = + 13 (c = 0,7 ; H$_2$O)

RMN ^{1}H (300 MHz, D$_2$O) δ 1,20 (d, 3H, J$_{5,4}$ 6,9 Hz, CH$_3$); 3,41 (s, 3H, OCH$_3$); 3,54 (dd, 1H, J$_{3,2}$ 3,3 Hz, J$_{3,4}$ 6,0 Hz, H-3); 3,97 (dq, 1H, J$_{4,5}$ 6,9 Hz, J$_{4,3}$ 6,0 Hz, H-4); 4,03 (d, 1H, J$_{2,3}$ 3,3 Hz, H-2).

RMN ^{13}C (50 MHz, D$_2$O) δ 19,4 (CH$_3$); 55,1 (C-2); 58,4 (OCH$_3$); 67,4 (C-4); 83,2 (C-3); 172,3 (C-1).

SM (CI, isobutane) : m/z (%) = 164 [M+H$^+$] (90), 146 [MH-H$_2$O]$^+$ (100)

HRMS (CI, isobutane) : calculé pour C$_6$H$_{14}$NO$_4$ [M+H$^+$]: 164,0923, trouvé : 164,0923

1,2-*O*-Isopropylidène-α-D-galactofuranose : 39a

Le 1,2;5,6-di-*O*-isopropylidène-α-D-galactofuranose (7,69 mmol, 2 g) est solubilisé dans un mélange de 21 mL d'acide acétique et 9 mL de H$_2$O. Le mélange réactionnel est maintenu sous agitation à température ambiante pendant 6 h. Le solvant est évaporé et le résidu est purifié par passage sur colonne de gel de silice [EP/AcOEt (1:4)] pour donner le composé **39a** (1,44 mg, 85%).

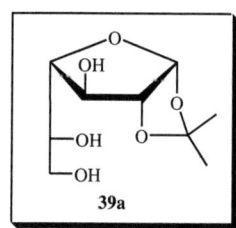

39a : solide blanc, P_f = 91-92°C

$[\alpha]_D^{20}$ = - 26 (c = 1; MeOH)

RMN ^{1}H (300 MHz, CDCl$_3$) δ 1,26 (s, 3H, CH$_3$); 1,46 (s, 3H, CH$_3$); 3,61 (dd, 1H, $J_{6a,5}$ 4,5 Hz, $J_{6a,6b}$ 12,0 Hz, H-6a); 3,72 (dd, 1H, $J_{6b,5}$ 2,7 Hz, $J_{6b,6a}$ 12,0 Hz, H-6b); 3,79 (m, 1H, H-5); 3,94 (dd, J 2,1 Hz, J 7,5 Hz, H-4); 4,18 (m, 3H, H-3 et 2 OH); 4,53 (d, 1H, $J_{2,1}$ 3,9 Hz, H-2); 5,85 (d, 1H, $J_{1,2}$ 3,9 Hz, H-1).

RMN ^{13}C (75 MHz, D$_2$O) δ 26,5 (CH$_3$); 27,2 (CH$_3$); 63,6 (C-6); 71,4 (C-5); 75,9 (C-3); 87,4 (C-4); 87,9 (C-2); 105,7 (C-1); 113,3 ($\underline{C}$(CH$_3$)$_2$).

1,2-*O*-Isopropylidène-3,5,6-tri-*O*-méthyl-D-galactofuranose 39

Une suspension d'hydrure de sodium (50%) (4,33 mmol, 104 mg) dans le DMSO (6 mL) est agitée à 50°C pendant 0,75 h. Après retour à température ambiante, on additionne au milieu réactionnel une solution de **39a** (145 mg, 0,66 mmol) dans 3 mL de DMSO ; l'iodométhane (2,46 mmol, 165 µL) est ensuite ajouté goutte à goutte. A la fin de l'addition, la CCM montre la formation d'un seul produit moins polaire R_f = 0,41 [EP/ AcOEt (7:3)]. Le mélange réactionnel est ensuite versé dans 10 mL d'eau puis extrait par l'éther diéthylique (4 x 15 mL). Les phases organiques réunies sont lavées avec l'eau (5 x 10 mL), séchées sur MgSO$_4$ puis évaporées. Le résidu est purifié sur gel de silice pour conduire au composé **39** avec un rendement de 78 % (soit 135 mg).

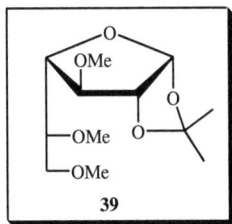

39 : liquide transparent

$R_f = 0,41$ [silice, EP/AcOEt (7:3)]

$[\alpha]_D^{22} = -25$ (c = 0,7 ; CH$_2$Cl$_2$)

RMN ^{1}H (300 MHz, CDCl$_3$) δ 1,36 (s, 3H, CH$_3$); 1,56 (s, 3H, CH$_3$); 3,37 (s, 3H, OCH$_3$); 3,41 (s, 3H, OCH$_3$); 3,51 (m, 3H, H-5, H-6a et H-6b); 3,53 (s, 3H, OCH$_3$); 3,81 (dd, 1H, $J_{3,2}$ 1,2 Hz, $J_{3,4}$ 4,8 Hz, H-3); 3,94 (t, 1H, $J_{4,3}$ 4,8 Hz, H-4); 4,56 (dd, 1H, $J_{2,3}$ 1,2 Hz, $J_{2,1}$ 4,2 Hz, H-2); 5,82 (d, 1H, $J_{1,2}$ 4,2 Hz, H-1).

RMN ^{13}C (50 MHz, CDCl$_3$) δ 27,6 (CH$_3$); 27,1(CH$_3$); 58,0 (OCH$_3$); 59,5 (OCH$_3$); 59,5 (OCH$_3$); 72,7 (C-6); 80,1 (C-5); 84,5 (C-4); 85,3 (C-3); 85,5 (C-2); 105,4 (C-1); 113,6 ($\underline{C}$(CH$_3$)$_2$).

3,5,6-Tri-*O*-méthyl-D-galactono-1,4-lactone : 40

Obtenu à partir de **39** (1,14 mmol, 300 mg) selon la procédure **B** (durée d'oxydation : 1 h) avec un rendement de 65% (164 mg).

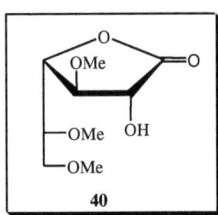

40 : solide blanc, $P_f = 50\text{-}51°C$ (Et$_2$O)

$R_f = 0,65$ [silice, EP/AcOEt (1:3)]

IR (film) : v_{OH} = 3400, v_{CO} = 1600 cm^{-1}

$[\alpha]_D^{22}$ = - 46 (c = 0,7; CH$_2$Cl$_2$)

RMN ^{1}H (300 MHz, CDCl$_3$) δ 3,38 (s, 3H, OCH$_3$); 3,52 (s, 3H, OCH$_3$); 3,53 (s, 3H, OCH$_3$); 3,53 (s, 1H, OH); 3,57 (m, 2H, H-5 et H-6a); 3,63 (m, 1H, H-6b); 4,06 (t, 1H, $J_{3,2}$ $J_{3,4}$ 6,6 Hz, H-3); 4,35 (dd, 1H, $J_{2,OH}$ 2,5 Hz, $J_{2,3}$ 6,6 Hz, H-2); 4,43 (dd, 1H, $J_{4,5}$ 4,8 Hz, $J_{3,4}$ 6,6 Hz, H-4).

RMN ^{13}C (75 MHz, CDCl$_3$) δ 58,1 (OCH$_3$); 59,2 (2OCH$_3$); 70,5 (C-6); 73,9 (C-4); 77,8 (C-5); 79,7 (C-2); 82,2 (C-3); 174,6 (C-1).

Analyse élémentaire pour C$_9$H$_{16}$O$_5$:

Calculé (%) : C, 49,09; H, 7,32; O, 43,59

Trouvé (%) : C, 49,31; H, 7.32; O, 43,78

3,5,6-Tri-*O*-méthyl-2-*O*-trifluorométhanesulfonyl-D-galactono-1,4-lactone : 41

Obtenu à partir de **40** (0,90 mmol, 200 mg), selon la procédure **A**, avec un rendement de 86% (276 mg).

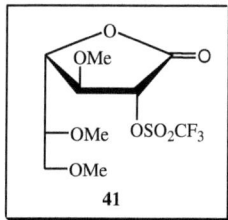

41 : liquide transparent

R_f = 0,53 [silice, EP/AcOEt (1:4)]

$[\alpha]_D^{21}$ = - 19 (c = 0,6; CH$_2$Cl$_2$)

RMN ^{1}H (300 MHz, CDCl$_3$) δ 3,35 (s, 3H, OCH$_3$); 3,5 (s, 3H, OCH$_3$); 3,55 (s, 3H, OCH$_3$); 3,59 (m, 3H, H-5, H-6a et H-6b); 4,48 (m, 2H, H-3 et H-4); 5,40 (d, 1H, $J_{2,3}$ 6,0 Hz, H-2).

RMN ^{13}C (50 MHz, CDCl$_3$) δ 58,8 (OCH$_3$); 59,0 (2 OCH$_3$); 69,7 (C-6); 77,0 (C-5); 79,9 (C-3 et C-4); 83,1 (C-2); 118,3 (q, $^1J_{C,F}$ 317,5 Hz, CF$_3$); 166,1 (C-1).

RMN ^{19}F (188 MHz, CDCl$_3$) δ − 74,84 (s, CF$_3$)

SM (CI, isobutane) : m/z (%) = 353 [M+H$^+$] (100)

HRMS (CI, isobutane) : calculé pour C$_{10}$H$_{16}$F$_3$O$_8$S [M+H$^+$]: 353,0518, trouvé : 353,0516

2-Azido-2-désoxy-3,5,6-tri-*O*-méthyl-D-Talono-1,4-lactone : 42

Obtenu à partir de **41** (0,42 mmol, 150 mg) selon la procédure **C** (durée de la réaction : 15 min) avec un rendement de 66 % (69 mg).

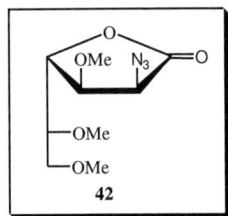

42 : liquide transparent

IR (film) : $υ_{N3}$ = 2100 cm^{-1}, $υ_{C=O}$ = 1800 cm^{-1}

$[α]_D^{20}$ = + 15 (c = 1; CH$_2$Cl$_2$)

RMN ^{1}H (300 MHz, CDCl$_3$) δ 3,38 (s, 3H, OCH$_3$); 3,43 (s, 3H, OCH$_3$); 3,52 (s, 3H, OCH$_3$); 3,49 (m, 2H, H-5 et H-6a); 3,60 (dd, 1H, J$_{6b,5}$ 8,4 Hz, J$_{6b,6a}$ 12,6 Hz, H-6b); 4,02 (dd, 1H, J$_{3,4}$ 0,6 Hz, J$_{3,2}$ 5,7 Hz, H-3); 4,30 (d, 1H, J$_{2,3}$ 5,7 Hz, H-2); 4,65 (d, 1H, J$_{4,5}$ 1,5 Hz, H-4).

RMN ^{13}C (50 MHz, CDCl$_3$) δ 58,4 (OCH$_3$); 58,7 (OCH$_3$); 59,3 (OCH$_3$); 59,4 (C-2); 69,8 (C-6); 79,1 (C-5); 80,2 (C-3); 82,4 (C-4); 171,7 (C-1).

SM (CI, isobutane) : m/z (%) = 218 [MH-N2]$^+$ (100), 246 [M+H$^+$] (15)

HRMS (CI, isobutane) : calculé pour C$_9$H$_{16}$N$_3$O$_5$ [M+H$^+$]: 246,1090, trouvé : 246,1085

Acide (2S,3R,4R,5R)-2-amino-3,5,6-triméthoxy-4-hydroxyhexanoïque : 43

Obtenu à partir de **42** (0,12 mmol, 30 mg), selon la procédure **D**, avec un rendement de 79% (23 mg).

43 : solide blanc, P_f = 153-155°C (EtOH)

R_f = 0,67 [silice, isopropanol/eau (5:5)]

$[\alpha]_D^{27}$ = - 3 (c = 0,6; H_2O)

RMN ^1H (300 MHz, D_2O) δ 3,36 (s, 3H, OCH_3); 3,44 (s, 3H, OCH_3); 3,45 (s, 3H, OCH_3); 3,56 (m, 1H, H-5); 3,63 (m, 2H, H-6a, H-6b); 3,80 (m, 2H, H-3 et H-4); 4,02 (d, 1H, $J_{2,3}$ 1,5 Hz, H-2).

RMN ^{13}C (75 MHz, D_2O) δ 55,4 (C-2); 58,3 (OCH_3); 58,7 (OCH_3); 58,9 (OCH_3); 70,3 (C-6); 71,5 (C-4); 79,0 (C-5); 80,0 (C-3); 173,2 (C-1).

SM (CI, isobutane) : m/z (%) = 238 [M+H$^+$] (100)

HRMS (CI, isobutane) : calculé pour $C_9H_{20}NO_6$ [M+H$^+$]: 238,1291, trouvé : 238,1298

Acide (2R,3S,4S,5R)-2,4-dihydroxy-3,5,6-triméthoxyhexanoïque : 44

Obtenu à partir de **40** (0,22 mmol, 50 mg), selon la procédure **D**, avec un rendement de 90% (48 mg).

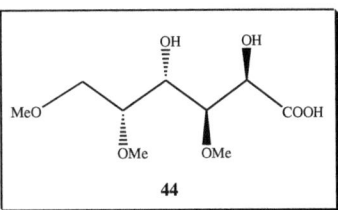

44 : solide blanc, P_f = 163-165°C (dégradation, changement de couleur avec noircissement).

R_f = 0,65 [silice, AcOEt /MeOH (1:2)]

IR (KBr) : ν_{OH} = 3300 cm^{-1}, $\nu_{C=O}$ = 1600 cm^{-1}

$[\alpha]_D^{22}$ = - 9 (c = 1; H$_2$O)

RMN ^{1}H (300 MHz, CDCl$_3$) δ 3,40 (s, 6H, 2OCH$_3$); 3,51 (s, 3H, OCH$_3$); 3.66 (m, 4H); 3,75 (d, 1H, J 9,3 Hz, H-3); 4.18 (d, 1H, J 0,9 Hz, H-2).

RMN ^{13}C (75 MHz, D$_2$O) δ 58,8 (OCH$_3$); 58,9 (OCH$_3$); 59,58 (OCH$_3$); 69,63 (C-6); 70,3 (C-2); 72,37 (C-4); 78,2 (C-5); 81,7 (C-3); 180,1 (C-1).

SM (IC, isobutane) : m/z (%) = 193 [MH-HCO$_2$H]$^+$ (100), 221 [MH-H$_2$O]$^+$ (25)

Acide (2R,3S,4S)-2,4-dihydroxy-3-méthoxypentanoïque : 45

Obtenu à partir de **44** (0,13 mmol, 20 mg), selon la procédure **D**, avec un rendement de 91% (20,7 mg).

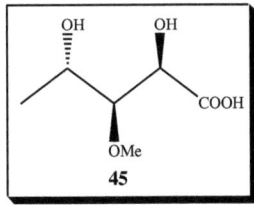

45 : solide blanc, P_f = 198-200 °C (EtOH)

$[\alpha]_D^{10}$ = + 10 (c = 0,45; H$_2$O)

IR (KBr) : ν_{OH} = 3380 cm^{-1}, $\nu_{C=O}$ = 1600 cm^{-1}

RMN ^{1}H (300 MHz, D$_2$O) δ 1,14 (d, 3H, J$_{5,4}$ 6,3 Hz, CH$_3$); 3,27 (s, 3H, OCH$_3$); 3,32 (dd, 1H, J$_{3,2}$ 1,5 Hz, J 6,9 Hz, H-3); 3,74 (dq, 1H, J$_{4,5}$ 6,3 Hz, J$_{3,4}$ 6,9 Hz, H-4); 4,04 (d, 1H, J$_{2,3}$ 1,5 Hz, H-2).

RMN ^{13}C (50 MHz, D$_2$O) δ 18,9 (CH$_3$); 59,9 (OCH$_3$); 67,1 (C-4); 70,9 (C-2); 86,4 (C-3); 179,7 (C-1).

SM (CI, isobutane) : m/z (%) = 148 [MH-H$_2$O]$^+$ (100)

HRMS (CI, isobutane) : calculé pour (MH$^+$-H$_2$O) C$_6$H$_{11}$O$_4$: 148,0736, trouvé : 148,0737

I want morebooks!

Buy your books fast and straightforward online - at one of the world's fastest growing online book stores! Environmentally sound due to Print-on-Demand technologies.

Buy your books online at

www.get-morebooks.com

Achetez vos livres en ligne, vite et bien, sur l'une des librairies en ligne les plus performantes au monde!
En protégeant nos ressources et notre environnement grâce à l'impression à la demande.

La librairie en ligne pour acheter plus vite

www.morebooks.fr

OmniScriptum Marketing DEU GmbH
Heinrich-Böcking-Str. 6-8
D - 66121 Saarbrücken
Telefax: +49 681 93 81 567-9

info@omniscriptum.com
www.omniscriptum.com

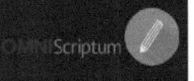

Printed by Books on Demand GmbH, Norderstedt / Germany